診療放射線技術選書

放射線生物学

改訂4版

九州大学名誉教授　増田康治　編集

南山堂

執　筆　者（執筆順）

増　田　康　治　九州大学名誉教授
續　　　輝　久　九州大学大学院教授

第4版の序

　初版から30年,最終版からも7年経過した本書を,この度改訂することにした.改訂のねらいは,基本的な構成には修正を加えないが,最近とみに進展がみられた放射線生物作用の機序や細胞に対する放射線の作用の項などに最新情報を取り入れること,ならびに診療放射線技術選書の一つとして,他と体裁を合わせることと共に,診療放射線技師を志す学生のための教科書として相応しく,過度に詳細であったと思われる部分を削除し,全体としてボリュームを圧縮したことである.より多くの学生諸君に利用していただくために,最新の情報は十分に含めつつ,必要にして十分な内容とすることで学生の入手し易い価格に抑えることを心掛けた.

　なお修正不用の個所は3版のままとした.その関係上3版の著者の1人である佐々木弘氏の執筆個所も原文のまま使わせていただいた部分もある.

　本書が,放射線を安全にかつ有効に利用する上での理論武装のための資料として,診療放射線技師を志す学生のための教科書として,受け入れられ役立つことを願っている.

2002年6月

　　　　　　　　　　　　　　　　　　　　編者　しるす

第1版の序

　この小冊子は診療放射線技師になろうと志す人達のための「放射線生物学」の教科書である．本邦において，これまでいくつかの放射線生物学に関した本が出版されているが，あるものは内容が不十分であったり，あまりに専門的すぎたりして診療放射線技師の教育には不向きであった．この「放射線生物学」は，このたび診療放射線技師のために書かれた選書のうちの一つであり，他科目との関連において書かれたところに従来のものにない特徴があるだろう．また，本書は診療放射線技師以外の放射線作業に従事する人々にとっても，「放射線保健学」の参考書として十分役立つものと信じる．

　「放射線生物学」は診療放射線技師教育の科目のなかでも基礎的科目であり，特に「放射線治療技術」，「放射線管理技術」を理解する上で基礎知識となるものである．執筆に際して，この点に特に気を配った．

　一方，「放射線生物学」は境界領域の学問であり，放射線に関する物理・化学の知識および生物学の知識の上に成り立っている．物理および化学の知識については，本選書の「放射線物理学」，「放射化学・放射線化学」を参考にしていただきたい．生物学の知識のうち，特に内容を理解する上に必要なものについては説明を加えた．

　近年における放射線および放射性同位元素の医学的利用はめざましい．しかし放射線は両刃の剣であり，診断・治療に威力を発揮する反面，放射線障害を引き起こすことを忘れてはならない．わが国では「放射線障害防止法」によって最大許容線量が法的に定められているが，医療目的の場合はこの制約を受けない．これは放射線障害より，病気が治るということの方がよりメリットが大きいと判断するからであるが，医療目的の場合でも，できるだけ障害を少なく

する努力を払うべきである．「放射線障害」について十分理解した上でこそ，職業上の被曝による障害を未然に防ぐことができるし，医療において最も効果的に放射線を利用することができよう．この書で，特に「放射線障害」について詳しく取り扱った理由がここにある．

　「放射線生物学」は新しい学問分野であり，未解決の重要問題を多くかかえているが，本書では未解決の問題はそれなりに，現在までにわかっている範囲で取り上げた．近い将来，内容を改める必要が生じることと思う．

　浅学を顧みずに本書を出版することになったが，諸賢の御批判を得て今後さらに一層の充実を期したい．

　終わりに，本書の出版の労を取られた　南山堂　水村三郎氏に感謝の意を表します．

1971年5月

著　者　しるす

目 次

1．序　論 …………… 1

1．歴史的背景 …………… 2
2．今日の放射線生物学の役割 …………… 3

2．放射線生物作用の機作 …………… 5

A．放射線生物作用の特徴 …… 6
B．ヒット理論 …………… 8
C．放射線感受性のLET依存 …… 12
D．放射線の間接作用 ………… 14
  1．直接作用と間接作用 …… 14
  2．水の放射線分解 ………… 15
E．放射線感受性の修飾 ……… 17
  1．希釈効果 ………………… 17
  2．酸素効果 ………………… 18
  3．低酸素細胞増感剤 ……… 19
  4．防護効果 ………………… 20
  5．温度効果 ………………… 21
F．DNAの損傷と修復 ……… 21
  1．DNA分子 ………………… 21
  2．DNAの損傷 ……………… 23
  3．DNA修復機構 …………… 25
  4．損傷部位特異的な酵素系 … 26
    1）光回復酵素 ……………… 26
    2）DNAグリコシラーゼ類 …………………………… 26
    3）APエンドヌクレアーゼ …………………………… 26
    4）アルキルトランスフェラーゼ ……………… 26
  5．ヌクレオチド除去修復系 … 26
  6．ミスマッチ修復系 ……… 28
  7．組換え修復 ……………… 30
  8．DNA修復欠損に関連するヒトの疾患 ……………… 32

3．細胞に対する放射線の作用 …………… 35

A．細胞の放射線感受性 ……… 36
  1．培養哺乳動物細胞 ……… 36
  2．移植腫瘍細胞 …………… 39
  3．骨髄細胞 ………………… 41
  4．小腸腺窩細胞 …………… 41
  5．皮膚上皮細胞，その他 … 42
B．細胞周期に対する放射線の影響 ………………………… 43
  1．細胞周期 ………………… 43

2．放射線感受性の細胞周期
　　　　依存 ……………………44
C．細胞増殖への作用 ………45
　　1．細胞の異常および死 ……46
　　2．分裂遅延 ………………48
　　　a．細胞周期とDNA損傷
　　　　チェックポイント ……50
　　　b．ヒト細胞におけるDNA
　　　　損傷チェックポイント
　　　　機構 ……………………50
　　3．増殖曲線 ………………52
D．放射線損傷の回復 ………53
　　1．亜致死損傷の回復 ………53
　　2．潜在致死損傷の回復 ……55
　　3．放射線と染色体異常 ……58
E．放射線誘発突然変異 ………60
F．放射線発癌 ………………63

4．組　　織 ……69

A．放射線感受性 ……………70
B．障害発生機序 ……………71
C．各組織の反応 ……………73
　　1．中枢神経系 ………………73
　　2．腸　管 …………………73
　　3．造血臓器 ………………73
　　4．皮　膚 …………………74
　　5．粘　膜 …………………74
　　6．心臓と血管 ………………74
　　7．肺 ………………………75
　　8．腎 ………………………75
　　9．生殖腺 …………………75

5．ヒトおよび動物個体に対する放射線の影響 ……77

A．序 …………………………78
B．線量評価 …………………80
　　1．R, rad, Gy ………………80
　　2．RBE, Svとrem …………80
　　3．カーマ …………………81
C．被曝した個体にみられる
　　障害 ………………………82
　　1．急性放射線障害 …………82
　　　a．個体死 ………………83
　　　　1）脳死 ………………84
　　　　2）腸管死 ……………84
　　　　3）造血臓器死 …………85
　　　　4）LD_{50} ………………85
　　　　5）線量効果関係修飾因子
　　　　　　………………………86
　　　　6）急性1回大線量被曝時
　　　　　　の予後 ………………86
　　　b．死以外の早期の身体的
　　　　影響 ……………………87
　　2．晩発性放射線障害 ………87
　　　a．悪性腫瘍の発生 ………87
　　　　1）白血病 ……………89
　　　　2）甲状腺癌 …………92
　　　　3）乳癌 ………………92
　　　　4）肺癌 ………………94
　　　　5）骨腫瘍 ……………94
　　　　6）その他の悪性腫瘍 …95
　　　　7）まとめ ……………95
　　　b．寿命短縮 ……………96
　　　c．白内障 ………………97

d．再生不良性貧血 …………97
D．子宮内被曝でみられる障害
　　　……………………………97
　1．障害の種類 ………………97
　　　a．致死効果 ………………97
　　　b．成長阻害 ………………98
　　　c．奇　形 …………………98
　2．障害発生率修飾因子 ……98
　3．着床前期の障害 …………99
　　　a．致死効果 ………………99
　　　b．成長阻害 ……………100
　　　c．奇　形 ………………100
　4．器官形成期の障害 ……100
　　　a．致死効果 ……………100
　　　b．成長阻害 ……………100
　　　c．奇　形 ………………101
　　　　1）種類 ………………101
　　　　2）誘発率 ……………101
　　　　3）奇形誘発率修飾因子…102
　5．胎児期の障害 …………102
　　　a．致死効果 ……………102
　　　b．成長障害 ……………103
　　　c．奇　形 ………………103
　　　d．発　癌 ………………103
　　　e．その他 ………………103
　6．障害防止のために ……103
E．遺伝的障害 …………………104
　1．染色体異常 ……………104
　　　a．放射線誘発染色体異常の
　　　　種類 …………………104
　　　　1）欠失 ………………105
　　　　2）重複 ………………105
　　　　3）転座 ………………105
　　　　4）逆位 ………………105
　　　b．ヒトの染色体異常による
　　　　疾患 …………………105
　　　　1）胎内早期死亡 ……105

　　　　2）流産 ………………105
　　　　3）染色体の不分離現象に
　　　　　由来する疾患 ……105
　　　c．放射線による人の染色体
　　　　異常誘発の根拠 ……106
　　　　1）子供の性比 ………106
　　　　2）流産 ………………106
　　　　3）ダウン症 …………106
　　　　4）染色体異常 ………107
　　　d．線量効果関係 ………107
　　　e．線量効果関係修飾因子…107
　　　　1）放射線線質 ………107
　　　　2）線量率 ……………107
　　　　3）分割照射 …………107
　　　　4）動物の種類 ………107
　　　　5）細胞周期依存性 …108
　　　　6）細胞の種類 ………108
　　　　7）その他 ……………108
　2．点突然変異（遺伝子突然
　　　変異）………………………108
　　　a．遺伝子異常による疾患 108
　　　b．ヒトでの放射線誘発
　　　　点突然変異 …………109
　　　c．実験動物にみられる
　　　　点突然変異率 ………109
　　　d．線量効果関係 ………109
　　　e．線量効果関係修飾因子…109
　　　　1）放射線線質 ………109
　　　　2）線量率 ……………110
　　　　3）分割照射 …………110
　　　　4）動物の種類 ………111
　　　　5）年齢 ………………112
　　　　6）その他 ……………112
　3．遺伝的障害の評価 ……112
F．放射性同位元素による
　　生物学的作用 ………………114
　1．放射性同位元素源 ……114

2．放射性同位元素による
　　障害例 ……………………114
3．内部被曝と外部被曝との
　　ちがい ……………………115
　a．線量分布 ………………115
　b．線量評価 ………………116
　c．線量率 …………………116
　d．障害誘発の原因は放射線
　　　のみか …………………116
4．人体への吸収と排泄 ……117
　a．吸　収 …………………117
　b．沈　着 …………………117
　c．決定臓器と関連臓器 …117
　d．排　泄 …………………118
　e．代表的放射性同位元素
　　　の代謝 …………………119

5．危険度の評価 ……………119
G．線量効果関係 ………………120
　1．閾値がない型 ……………120
　2．閾値がある型 ……………121
H．放射線障害の特徴 …………121
　a．線量の大きさによって
　　　障害の種類が異なる …121
　b．障害の種類，発現様式に
　　　特異性がない …………121
　c．障害発現の危惧からは
　　　いつまでも逃れられない
　　　　……………………………121
　d．放射線は身体的に残ら
　　　ない ……………………122

参考文献……………123

日本語索引……………127

外国語索引……………129

1. 序論

Summary

1. 放射線生物学には物理，化学，生物そして医学と広範囲の知識が要求される．
2. X線発見直後からすでに放射線による有害事象が報告されている．
3. 放射線障害防止に関する国際的機関として国際放射線防護委員会 (ICRP) があり，定期的に障害防止に関する勧告が出され，わが国でも勧告をとり入れ法律としている．

＊本文中の色文字は診療放射線技師国家試験によく出題される重要な用語である．

1. 歴史的背景

　放射線生物学は，生物学の分野でも新しい研究分野であり，かつその内容は他にみられないほどバラエティーに富んでおり，細胞に対する放射線の作用を研究する放射線細胞生物学から生物集団を対象とする放射線生態学まで，その研究範囲に入る．端的に表現すると，放射線生物学は「生命に対する放射線の作用」を研究する学問であるといえよう．また研究にあたってこれほど多くの関連分野の知識を必要とするものも少ないだろう．たとえば，人体に放射線が照射された場合を考えると，放射線の性質や線源となる原子に関する放射線物理・原子核物理の知識は当然必要だが，さらに放射線により人体内に起きる初期反応やそれに伴う生体物質の変化に関しては放射線化学の知識が，生体内の物質代謝がどのような影響を受けどのような症状が現われるかについては生物・医学の知識がそれぞれ要求される．

　歴史的には放射線生物学は，人類が放射線を発見し利用を始めた19世紀末に始まったといえる．まもなく放射線が人体に悪影響を及ぼすことが認識されるようになった．まず最初に気がついたのは目につきやすい皮膚障害であった．1896年，Thomson(トムソン)は自分の小指にX線を照射し，照射された箇所に皮膚反応が起きること，また反応が起きるまでに潜伏期があることを見いだした．同じ年，Daniel(ダニエル)は頭部X線写真撮影の被写体になった同僚の頭髪が抜けたことを報告している．しかし脱毛後の皮膚は一見正常に見えたので深刻な問題とは受け止められず，この作用を利用した脱毛装置が市販され，一般市民の間にも皮膚障害を多数発生させる結果となった．またX線透視装置が見世物に利用され，モデルになった人に皮膚障害が発生した．やがて慢性X線皮膚炎から致命的な皮膚がんが発生することがわかり，放射線障害に対する恐怖は深刻なものとなった．

　ラジウムによる障害も，最初は皮膚で認識された．Becquerel(ベックレル)は，Curie(キュリー)夫妻からもらったラジウムをチョッキの中に入れていたために胸に火傷を蒙った．ラジウムの入手が容易になった1910年頃からラドンおよびラジウムによるリュウマチや神経痛の内服療法が行われた．またラジウムは，夜光塗料工場でも使用された．その後，ラジウムの骨への沈着が原因で骨髄炎や骨腫瘍が発生した．

放射線治療への応用もすぐ始まった．1896年，Voigt（ボイト）は進行した鼻咽頭癌の患者にX線を照射し，疼痛が緩和されたと報告している．同じ年にFreud（フロイド）が，有毛母斑のX線治療に成功した．またラジウム治療も試みられ，1903年にCleaves（クリィーブス）は，ガラス管に封入したラジウムを用いて子宮癌の治療を行い，有効性を認めている．

一方，実験によっても放射線の生物作用が明らかにされていった．1904年にはBergonie & Tribondeau（ベルゴニーとトリボンド）[1]はラットの睾丸に放射線を照射し，精子形成過程の種々の細胞の放射線感受性を比較し，「未成熟細胞および分裂が盛んな細胞は成熟および休止細胞より放射線感受性が高い」という一般法則を見いだした．1905～1925年にかけて卵・精子および胚に対する放射線の作用に関する研究がなされ，これらの未分化の細胞が高い放射線感受性を示し，わずかな線量でも異常を引き起こすことが明らかになった．1927年，Muller（マラー）[2]は放射線がショウジョウバエに突然変異を誘発し，変異はMendel（メンデル）の法則に従って子孫に伝えられるのを見いだし，放射線遺伝学という新しい分野が拓かれた．

1920年代から放射線生物作用のメカニズムに関する研究が盛んになってきた．1922年，Dessaure（デッサウェル）は物理学の量子論的概念を導入し，点熱説を打ち立てた．この理論はLea（リー）[3]らによってさらに発展させられた．1956年，Puck&Marcus（パックとマルカス）[4]が開発した哺乳動物細胞のクローン培養法により，細胞の無限増殖能（コロニー形成能）を指標とした線量効果関係の解明が進んだ．また正常組織への放射線の作用の定量的研究も1970年代から始まった．近年著しく進歩した分子生物学の技術を取り入れて，放射線による細胞致死，発癌および突然変異のメカニズムの解明がなされつつある．

2．今日の放射線生物学の役割

われわれ日本人にとって原子力時代の幕開けが，原爆被爆という悲劇で始まったのは不幸なことであったが，この体験は原子力の平和的利用を推し進めることになった．わが国は資源に乏しく，エネルギー源としての原子力のはたす役割は大きい．電力の中で原子力発電が占める割合は，今後さらに増大する傾向にある．一方，放射線の医療における利用もますます増えている．そのため，原子力施設や病院などで働く放射線作業従事者は，自然放射線以外に余分

に人工の放射線を被曝することになった．一般大衆にとっては，放射線診断の際に被曝する放射線（医療被曝）が問題となる．原爆や原子炉事故の場合のように大量の放射線の急性被曝は致死につながるが，職業上または医療において被曝する微量の放射線がどの程度の害を個々の人々や子孫に与えるかについてはまだわかっていない．

　放射線の害について勧告を行う国際機関として，1928年に国際X線ラジウム防護委員会が設立された．これはその後，国際放射線防護委員会 (ICRP) と改称された．この委員会は放射線生物学の専門家を主体に構成されており，最新の放射線生物学の知識にもとづいて放射線防護のための勧告を行ってきた．それには個人の組織障害（確定的影響）の発生を防止し，癌および突然変異の誘発（確率的影響）を，便益をもたらす放射線被曝を伴う行為を不当に制限しない範囲内で押さえることができる，被曝線量の限度が示されている．

　このように放射線生物学は，生物学の一分野として非常に興味がある学問であり，社会的な存在意義も大きい．

2. 放射線生物作用の機作

Summary

1. 放射線生物作用の主標的はDNAである．
2. 線量-効果関係は肩のある曲線となることが多い．
3. 放射線生物作用は，放射線の線質で異なる．
4. 生物の種や系統，また同じ個体の中でも組織の種類や細胞分裂の時期などによって，放射線に対する感受性が異なる．
5. 同じ線量を受けても，線量率や照射の仕方で，生物作用は異なる．
6. 酸素や電子親和性による酸素に似た働きの物質により，放射線の生物作用を変化させることができる．
7. DNAは細胞の中で絶えず損傷を受けており，DNAに起こったさまざまな変化は修復されないと転写，複製の異常を起こし，細胞死や突然変異の原因となる．
8. 細胞はDNA損傷を治す能力をもち，この修復能力が放射線感受性を大きく左右する．
9. 電離放射線や紫外線の照射ならびに化学反応によるDNA損傷は，損傷を識別してその部分を取り除く酵素群によって訂正される．
10. 放射線などで生じる2本鎖切断の修復には組換え機構が働いている．

A. 放射線生物作用の特徴

　放射線は大別して電磁波と粒子線に分けられる．電磁波は光子であり，波長（エネルギー）によってその物理学的性質も異なる（図2-1）．エネルギーが約10 eV（エレクトロンボルト）以上のγ線，X線および短波長の紫外線は，物質を通過する際にその物質を電離させる作用があり，電離放射線とよばれる．一方，長波長の紫外線や可視光線，マイクロ波などのエネルギーが10 eV以下の電磁波は，非電離放射線とよばれている．近年の加速器の開発により，種々の粒子線が放射線治療などに用いられるようになってきている．

　放射線が他の物理刺激（熱など）や化学物質と生物作用の特徴が異なる点をいくつかあげることができる．第一は，わずかなエネルギーで大きな生物作用を生じることである．たとえばヒトが全身にX線による急性照射を受けた場合に，被曝したヒトの集団の半数が30日以内に死亡する線量（$LD_{50/30}$）は約4 Gyである．この線量を標準体重70 kgのヒトを例にとって吸収されるエネルギーを熱量単位で表わすと，約67カロリーとなり（体温の上昇約0.002℃に相当），わずかなエネルギー量でヒトの死をもたらすほどの重大な生物作用を示すことがわかる．

　第二は，線量-効果関係が化学物質と比較して異なる点をあげることができる（図2-2）．放射性類似物資を別にして，一般に薬剤は閾値量以下ではほとんど毒性がないが，それを越えると急激に毒性が増大し，量と効果の関係はシグモイド曲線となる．しかし放射線の場合は，線量-効果は指数曲線に近いか，閾値が小さな緩やかなシグモイド曲線となることが多い．

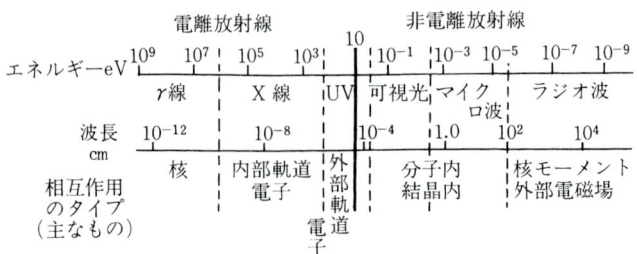

図 2-1. 電磁波スペクトル（Barański & Czerskiによる）[6]

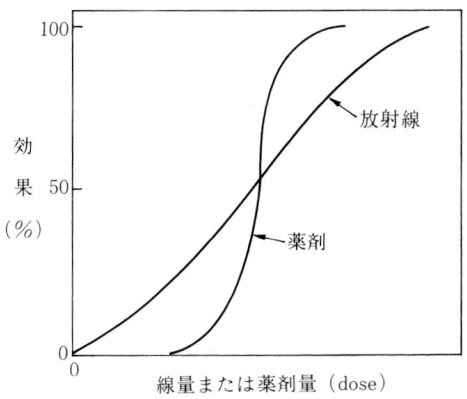
図 2-2. 放射線と薬剤の作用の比較

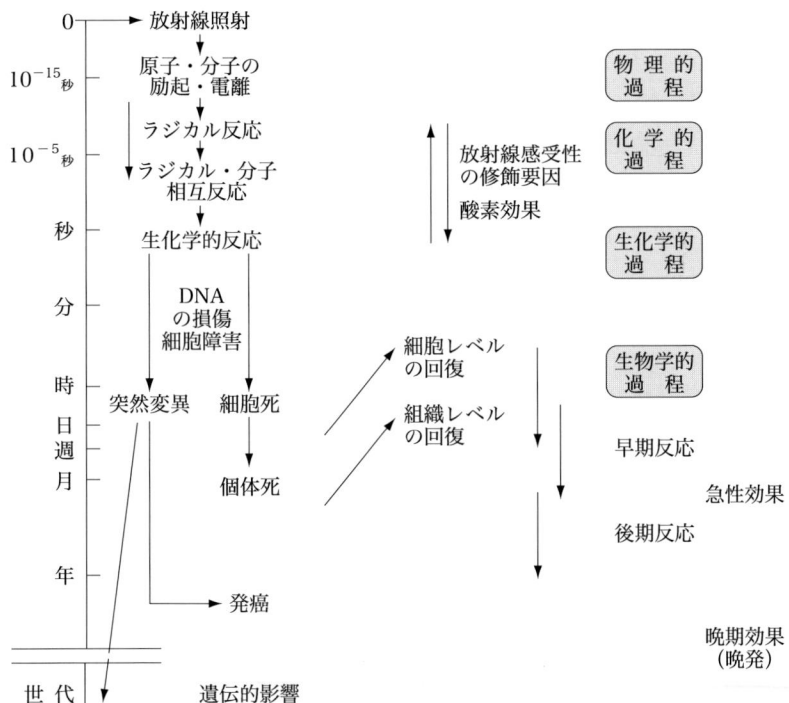
図 2-3. 放射線障害の発現段階 (Tubiana らによる[7]を改変)

第三は，放射線によって生じる生物作用には放射線特有のものはなく，自然でも起きている現象であるということである．たとえば，突然変異や発癌は放射線を受けなくても発生するが，放射線の線量に依存してその頻度の上昇を認める場合がある．

　放射線の生物作用は，放射線のエネルギーが組織に吸収されることから始まる．これらは時間経過として，物理的過程，化学的過程，生化学的過程，生物学的過程の4つの段階に分けることができる（図2-3）．物理的過程では，放射線照射後の極めて短時間内に放射線の飛跡に沿って起こる原子・分子の電離と励起に伴い，生体分子に放射線のエネルギーが付与される．つぎの化学的過程では生成された励起分子，イオンなどが生体高分子（DNAや蛋白質など）と反応してフリーラジカル，活性イオンなどとなる．さらにこれらの分子の余剰エネルギーが二次反応を引き起こして（生化学的過程），生体高分子が不活化される．通常この生化学的過程でのDNA分子の変化（損傷）は修復されるが，修復されない傷や修復エラーはつぎの生物学的過程を通じて，細胞死や突然変異としてその影響が現れる．生物学的過程はその影響が目に見える障害となって現われるまでに長時間を要する．すなわち，放射線を照射して生物効果が現われるまでには潜伏期が存在する．細胞死は数十時間から数日で起こるが，多くの放射線障害は年単位であり，晩発性障害（晩期効果）につながり，生命維持に重要な組織内の一定限度を越えた細胞数の減少は，場合によっては個体の死に至る．

B. ヒット理論

　放射線エネルギーの物質への吸収が，量子化された不連続な現象であることに注目して，物理学者Leaらにより，放射線生物作用の線量—効果を説明するものとしてヒット理論が提唱された．この理論では，細胞の中に特に放射線感受性が高い部分（標的）を想定し，この標的は細胞全体に比べると非常に小さいが，生命の維持には必須であると考える．そして，この標的が放射線でヒットされると結果として細胞は不活化（死）するが，標的以外のヒットは無効であるとしている．すなわち，標的にヒットが生じたときのみ障害が起こり，細胞は致死に至ると考えられている．当初，ヒット理論では標的の本体については問題にされなかったが，ウイルスの線量-効果関係の解析をもとに遺伝物質

(DNA) が注目された．今日では，放射線によって生じた標的の傷を「ヒット」とよび，標的 (DNA) が放射線によって致死的な障害を受けることによってはじめて細胞は死に至ると理解されている．

放射線によるヒット事象は，微視的には均一ではなく，また互いに独立でランダムに分布すると考えられるのでポアソン分布が適用される．ここで，標的の体積を V (cm³) とし，ヒット数で表わされる線 D (D ヒット/cm³) が照射された場合を考える．ヒットの期待値は VD であるので，体積 V cm³の中に m 個のヒットが起きる確率 $P(m)$ は次式で表わされる．

$$P(m) = \frac{e^{-VD}(VD)^m}{m!}$$

この式から種々のモデルに基づく線量-効果関係を導くことができる．細胞に標的が1個存在し，1ヒットで失活するという単一標的単一ヒットモデルの場合は，細胞が生きるのは $m=0$ のときに限られるので，その確率は次式で与えられる．

$$P(0) = e^{-VD}$$

最初に N_0 個の細胞があり，照射により失活して生き残りが N 個になったとすると，生残率（生存率）は N/N_0 で生き残る確率に相当する．

$$N/N_0 = e^{-VD} \text{または} \log_e(N/N_0) = -VD$$

上式を片対数グラフ上に縦軸に生残率を，横軸に線量をとってプロットすると直線になり，その傾斜は V によって決まり，標的の体積が大きくなるにつれて放射線の感受性も増大することを示している（図2-4）．ヒットの期待値が1，すなわち標的に平均1ヒットを生じる線量は，平均致死線量とよばれており，これを D_0 とすると，上の式はつぎのように表わされる．

$$\log_e(N/N_0) = -D/D_0$$

標的が複数個（n 個）でおのおのが多重ヒット（少なくとも m ヒット）されて初めて致死が起きるとする多標的多重ヒットモデルが一般的な場合であり，生残率は次式で表わされる．

$$N/N_0 = 1 - \{1 - e^{-VD}\sum_{k=0}^{m-1}(VD)^k/k!\}^n$$

上式で $m=1$ の場合，すなわち多標的単一ヒットモデルでは生残率はつぎのようになる．

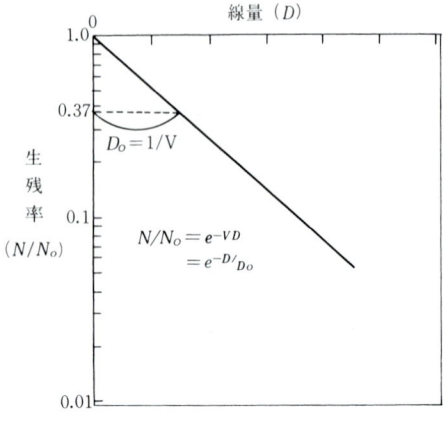

図 2-4. 単一標的単一ヒットモデル曲線

$$N/N_0 = 1-(1-e^{-VD})^n = 1-(1-ne^{-VD}+\cdots \pm e^{-nVD})$$

線量 D が大きい場合は，上式は次式で近似される．

$$N/N_0 = ne^{-VD} \text{ または } \log_e(N/N_0) = \log_e n - VD = \log_e n - D/D_0$$

この式を片対数グラフに描くと，低線量域で肩があり，高線量域では傾斜 V ($1/D_0$) の直線になる．なおこの直線部分を外挿して縦軸と交わる値 (外挿数) は n であり，ヒット理論による標的の数に相当する (図 2-5)．この多標的単一ヒットモデルに従って描いた生残率曲線は細胞のコロニー生残率曲線とかなりよく一致する．しかし X 線の場合などでは，低線量域で理論と実際の曲線での相違が見られる．すなわち理論上は生残率が 1 に近づくが，実際には線量ゼロ ($D=0$) での接線は負の傾斜を示す場合が多い．

この不一致は細胞内の微少線量分布 (マイクロドシメトリー) を考慮した LQ モデル linear-quadratic model により解決された．このモデルによると，放射線による致死的損傷は致死的でない 2 つの損傷 (亜損傷) の相互作用により生じ，その相互作用は放射線の同一飛跡内で起きる場合 (飛跡内事象) と別々の飛跡間で起きる場合 (飛跡間事象) とに分けられる．前者ではその発生頻度は線量に比例し，後者では線量の二乗に比例すると考えられるので，$E(D)$ を全体の損傷数とすると，次式が成立する．

$$E(D) = \alpha D + \beta D^2$$

生き残る細胞はこのような損傷を持たない細胞であるので，生残率は次式で

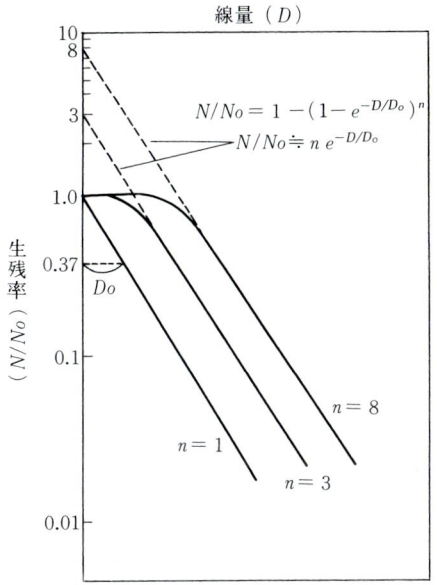

図 2-5. 多標的単一ヒットモデル曲線

与えられる．

$$N/N_0 = e^{-(\alpha D + \beta D^2)}$$

　高 LET 放射線では局所的なエネルギー付与が大きいので，飛跡内事象が生じやすいと考えられる．この場合，<u>生残率曲線</u>は肩がない指数関数曲線になるが，上式で飛跡間事象の項(βD^2)を除くと，生残率は $e^{-\alpha D}$ となる．一方，X線のような低 LET 放射線では飛跡間事象が主体となるが，δ線のような高 LET 成分も存在するので飛跡内事象も含まれ，生残率曲線が上式で表わされ，肩のある曲線となる．飛跡間事象による損傷は修復可能な2つの亜損傷の相互作用によるので，低線量域や分割・低線量率照射ではその寄与は小さくなり，生残率曲線が飛跡内事象が主体となる指数曲線($e^{-\alpha D}$)に近づく．この傾向は，実際の細胞の生残率曲線と一致する（図 2-6）.

　ヒット理論によると標的の体積は $1/D_0$ に等しいので，D_0 値から標的の大きさを求めることができる．単一ヒットモデルの場合，1ヒット当たり平均 60 eV のエネルギーが吸収されるので，$1\,\mathrm{Gy} = 1.04 \times 10^{14}$ ヒット/g となる．D_0 Gy 照射されると質量 M g の標的内には平均1ヒット生じるので，$M \times D_0 \times$

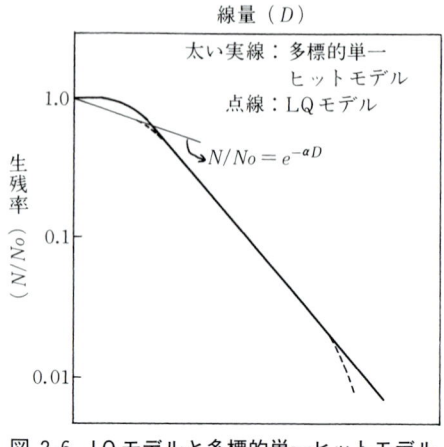

図 2-6. LQ モデルと多標的単一ヒットモデルの比較

$1.04 \times 10^{14} - 1$ となり, 標的の質量 M は次式で表わされる.
$$M = 0.96 \times 10^{-14}/D_0 \text{ (g)}$$

C. 放射線感受性の LET 依存

　電離放射線の種類によって組織に与えられるエネルギーが異なることを線質といい, 電離放射線の線質は LET : linear energy transfer(線エネルギー付与)で表わされる. LET は飛跡に沿って失われる放射線エネルギーの平均値で, 飛跡 1 μm 当たり失うエネルギーを keV で表わす. 実際には LET 値は飛跡に沿って変化し, エネルギーが弱くなる飛程端近くでは大きな値となり, いわゆる Bragg peak を形成する (図 2-7).

　電離放射線は低 LET 放射線と高 LET 放射線に分類される. X 線, γ 線, β 線などは低 LET 放射線に, また, α 線, 重イオン線, 速中性子線などは高 LET 放射線に属している. 放射線が組織に入射されるとエネルギーを付与された荷電粒子が発生し, その飛跡に沿って電離や励起を行うが, LET の大きな放射線では一飛跡が細胞に付与する線量は低 LET 放射線より大きい. たとえば, 細胞核 (平均直径: 8 μm と仮定) に付与される平均線量は, X 線や γ 線では約 1 mGy であるが, 速中性子 (10 MeV) では約 100 mGy, α 線 (5.5 MeV) では

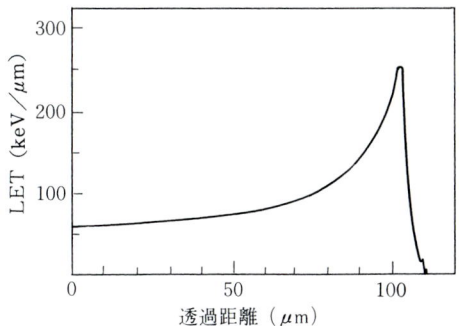

図 2-7. 10 MeV のヘリウムイオンの軟組織中の LET 変動

約 370 mGy である．

　以上のように，低 LET 放射線と高 LET 放射線では，生物学的効果はかなり異なる．ある種の放射線による効果を，基準となる放射線（LET が約 3 keV/μm の X 線）の効果と比較して表わす指標として RBE：relative biological effectiveness（相対的生物学的効果比）があり，つぎのように定義されている．

$$RBE = \frac{ある生物学的効果を生じるに必要な標準放射線の線量}{同一の生物学的効果を生じるに必要な問題とする放射線の線量}$$

ただし RBE の値は，指標となる生物学的効果の種類，生物材料の種類，生物材料の状態（酸素濃度，温度，生理的状態など），線量率，投与線量などの諸条件によって変わりうる．細胞の生残率を 0.1（90％致死）に低下させる線量について求めた $RBE_{0.1}$ と LET の関係を示すと図 2-8 のようになり，LET が 100〜200 keV/μm あたりでピーク値（2〜3）となる．すなわちこのあたりの LET の放射線では，X 線や γ 線の 1/3〜1/2 の線量で同じ効果を示し，細胞への殺傷にもエネルギー的に最も効率がよいことを意味している．LET が大きすぎる場合（>10^3 keV/μm）には RBE は 1 以下となるが，その原因としては，細胞を殺傷するのに必要以上のエネルギーを局所的に与えている（殺し過ぎ）ためであろうと考えられている．

　X 線や γ 線を照射された細胞の生残率曲線が肩のある指数曲線であるのに対して，α 線のような高 LET 放射線では肩のない指数曲線となり，曲線の形が異なっている．したがって，生残率をどのレベルで比較するのかにより，RBE

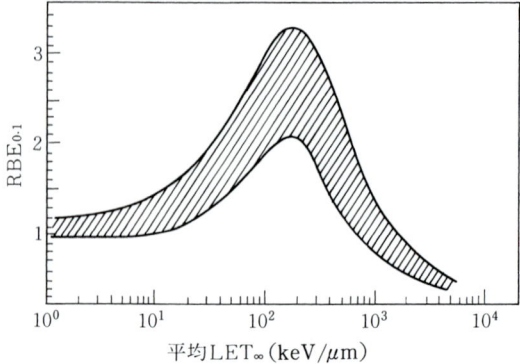

図 2-8. RBE と LET との関係（Blakely らによる）[9]

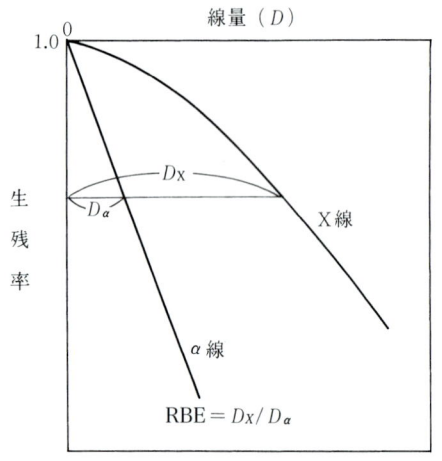

図 2-9. 生残曲線からの RBE 値の求め方

値は異なる（図 2-9）．

D．放射線の間接作用

1．直接作用と間接作用

　水溶液に放射線を照射したときの標的分子が受ける放射線の作用には，直接

作用 direct effect と間接作用 indirect effect とが知られている．放射線によって生体に吸収されたエネルギーは細胞内の分子や原子を電離・励起させるが，それが標的そのものに起きた場合を直接作用，標的の周囲の分子（水など）に起きた場合を間接作用という．間接作用は後述するように水の放射化学であり，イオン，遊離基(フリーラジカル)，遊離電子，励起分子などの不安定物質が生じて標的を攻撃する．水溶液中では，直接作用よりも間接作用の効果が大きい．生物を構成する分子の中で最も多く含まれる水は重量の約80%にも達している．したがって，放射線の生物作用には水との相互作用が重要な働きをする．

図2-10は両者の違いについてDNAを例に模式的に示している．低LET放射線では間接作用が主体であるのに対して，高LET放射線では直接作用が主である．間接作用は後述する放射線増感剤や放射線防護剤の存在によって影響を受ける．

2．水の放射線分解

水の放射線分解は間接作用の中でも主要な役割を演じている．水のイオン化ポテンシャルは $12.56\,\mathrm{eV}$ であり，水の陽イオンと電子が生じる．

$$H_2O \rightarrow H_2O^+ + e^-$$

陽イオンはつぎの反応によりOHラジカルを生じる．

$$H_2O^+ \rightarrow H^+ + OH\cdot$$

また電子と水との反応によりHラジカルが生じる．

$$e^- + H_2O \rightarrow OH^- + H\cdot$$

さらにHラジカル，OHラジカルは励起された水分子(H_2O^*)の解離によっても生じる（*は励起を意味している）．

$$H_2O \rightarrow H_2O^* \rightarrow H\cdot + OH\cdot$$

OHラジカルは反応性の高い強力な酸化剤であり，Hラジカルは還元作用をもつ．一方，水の電離で生じた電子 (e^-) はさらに衝突を繰り返すことにより，運動エネルギーを失い約50Å移動した後に熱電子となる．水分子は負電荷と正電荷に分極しているので，電子の周りに正電荷部分がくるように水分子が配列し，水和電子 (e^-_{aq}) とよぶ状態を生成する（図2-11）．水和電子はちょうど反応性の低い水分子の「かご」の中に閉じ込められたような状態になっており寿命が長い．Hラジカル，OHラジカルおよび水和電子をまとめて水ラジカルと

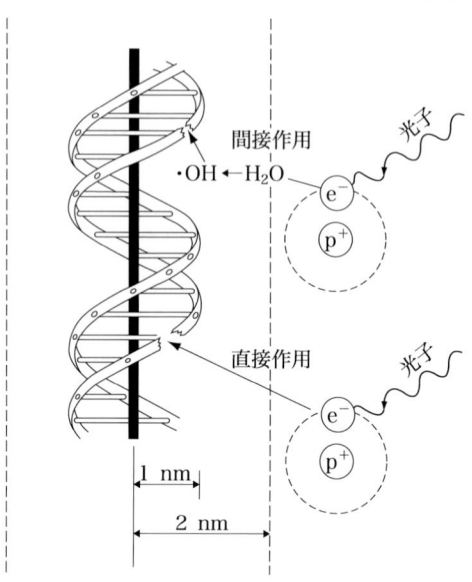

図 2-10. DNA がうける X 線あるいは γ 線による直接作用と間接作用

直接作用では，光子の吸引によって飛び出した二次電子と DNA 分子との直接的な相互作用によって DNA に損傷を生じる．間接作用では，飛び出した二次電子が水分子と反応し，ラジカルを形成し，ラジカルが DNA 分子を傷つける．半径 2 mm 以内に生じたラジカルが DNA を攻撃できると推定される．
(Eric J. Hall Radiobiology for the Radiologist 5th Edition, Lippincott Williams & Wilkins 2000 年 Philadelphia, PA, USA より改変)

よぶ．また，ラジカルの相互反応により再結合で分子生成物(H_2, H_2O_2, H_2O)が生じる．

$$H\cdot + H\cdot \rightarrow H_2, \quad OH\cdot + OH\cdot \rightarrow H_2O_2, \quad OH\cdot + H\cdot \rightarrow H_2O$$

ラジカルが飛跡に沿って密に生じる高 LET 放射線では分子生成物生成の収率が高くなり，ラジカル生成や水分解の収率は低くなる一方，分布の疎らな低 LET 放射線の場合は再結合の確率は小さい．ラジカルが再結合を起こさずに拡散して 2 nm 以内にある標的分子に達したときは，標的分子と反応して損傷を生成する．OH, H ラジカルは生体有機化合物 (RH) とラジカル付加や水素引

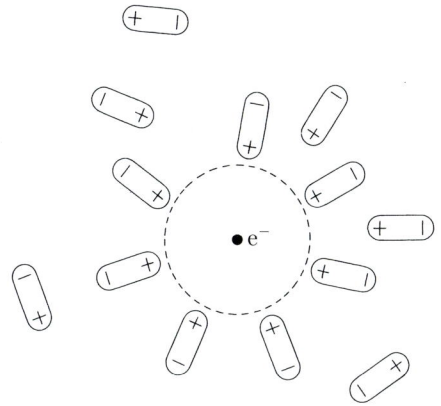

図 2-11. 水和電子の模型

き抜き反応により有機ラジカル（$RH_2\cdot$，$RHOH\cdot$，$R\cdot$）を生じ，水和電子は有機化合物と反応して負イオンを形成する．

E．放射線感受性の修飾

　細胞の放射線感受性は種々の要因によって影響されるが，その原因が細胞の側にある場合と，細胞をとりまく外的要因による場合とがある．以下に放射線感受性を左右する要因について述べる．これらは，いずれもフリーラジカルが大きく関与し，放射線の間接作用を示唆する効果である．

1．希釈効果

　希釈効果は間接作用を代表するもので，ある溶液中に浮遊する溶質（酵素，ウイルスなど）の変化に関する効果である．溶液の濃度を変えたときに，低い濃度の方が高い濃度よりも放射線の効果が大きい場合に希釈効果が認められる．1本鎖 DNA ファージ（$\phi \times 174$）の乾燥状態での平均致死線量（D_0）は約 $3.8\times 10^3\mathrm{Gy}$ であるが，水溶液状態ではその感受性が著しく高くなり，$4\,\mu g/ml$ の濃度での D_0 はわずか $0.2\,\mathrm{Gy}$ となる．この現象はファージの濃度が低いほど，広範囲の水ラジカルから攻撃を受けるからであると説明されている．

　吸収線量が同じであれば水の放射化学をもとに考えると，生成するフリーラ

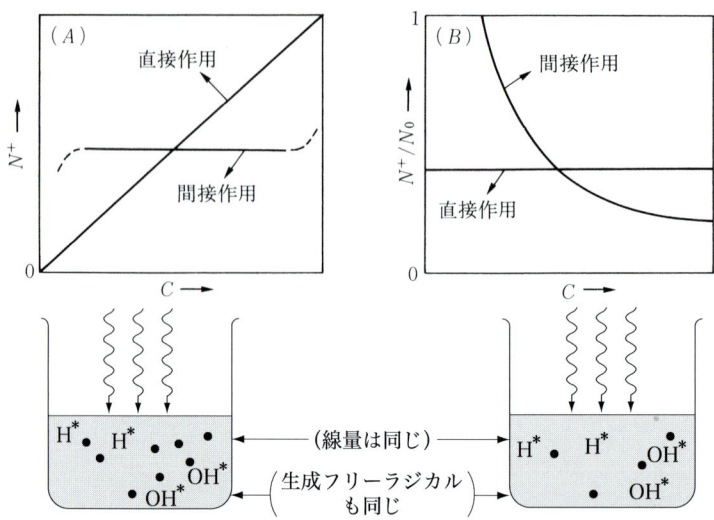

図 2-12. 照射線量が一定の場合に不活化される分子数 (N^+) と分子の割合 (N^+/N_0) の濃度 (c) 依存性の直接作用と間接作用による相違 (Bacq & Alexander より改変)[10]

ジカルの数は一定である．すなわち，フリーラジカルの数が一定であれば，間接的に傷害を受ける溶質の数（不活化される分子の数）も一定となる．一方，直接作用の場合は高濃度ほど溶質の数は増大し，吸収線量が同じであれば，高濃度になるほど傷害される溶質は比例して増加することになる．濃度を横軸に溶質の変化率（％）を縦軸にとると，直接作用は濃度に無関係であるが，間接作用では濃度に反比例する．しかし溶質の変化（不活性化される分子の数）を縦軸にとると，直接作用は濃度に比例して増加するが，間接作用では濃度に無関係で横軸に平行な直線となる（図 2-12）．間接作用（水溶液中）では標的分子とラジカルの反応は 1 対 1 で起きるので，それにより不活化される分子の数がラジカル数すなわち線量に依存するのに対し，直接作用では不活化される分子の割合が線量に依存することになる．

2．酸素効果

分子状酸素 (O_2) はラジカルに対する親和性が高いことから，組織内の酸素分圧 (P_{O_2}) は放射線感受性に大きな影響を与える．このことを酸素効果という．

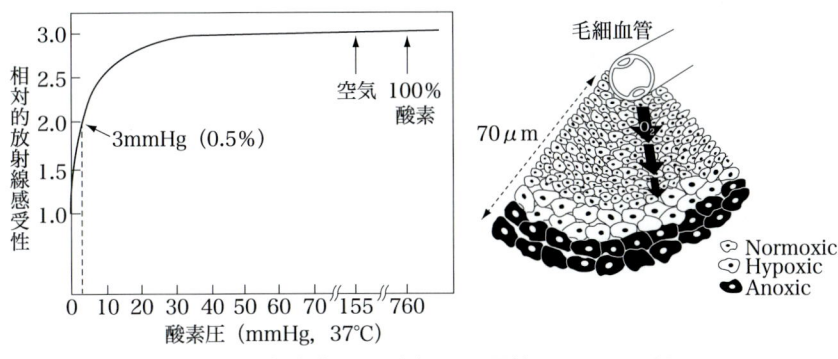

図 2-13. 放射線感受性と酸素圧との関係（Hall より改変）[11]

　酸素は放射線によって生じた標的分子のラジカル（R・：フリーラジカル）と反応して，修復不能なラジカル（$RO_2\cdot$）を形成することにより初期損傷の固定化の働きをしていると考えられている．一般的に X 線などの低 LET 放射線では，酸素存在下での放射線の効果と無（あるいは低）酸素下でのそれとは大きく異なっている．

　同じ生物学的効果を得るのに，無（あるいは低）酸素条件下での線量と酸素に富んだ状態での線量の比で表わしたものが酸素増感比 oxygen enhancement ratio：OER である（図 2-13）．X 線などでは OER は 1〜3 の値を示すが，直接的に標的に強いダメージを与える高 LET 放射線では，損傷の固定に酸素を必要としないことから，酸素効果は小さい．OER 値は LET が 200 keV/μm を越えると 1 になり，酸素効果はなくなる．正常組織の酸素分圧は 40 mmHg 程度であるので，放射線感受性を考える場合，ほぼ酸素飽和状態にあるとみなしてよいが，大きな癌組織では，酸素分圧が飽和値以下のために感受性が低い，いわゆる低酸素細胞（hypoxic cell）が 10〜15% 程度存在する．

　毛細血管から供給される酸素は細胞の呼吸のために消費されるので，癌組織内を浸透できる距離は 150〜200 μm 程度である．癌の半径がこれよりも大きくなると内部には放射線抵抗性の低酸素細胞が出現する．

3．低酸素細胞増感剤

　酸素に似た機構で増感作用がある．低酸素細胞増感剤 hypoxic cell sensitizer

とよばれるニトロイミダゾール誘導体のメトロニダゾール（商品名：Flagyl），ミソニダゾールはともに電子親和性の高いニトロ基（増感作用）と脂溶性の側鎖をもち，代謝されにくく深部の低酸素細胞まで到達することができる（図2-14）．

4．防護効果

　放射線の生物学的効果を減じるものに放射線防護剤 radioprotector がある．放射線防護剤はシステイン，システアミンなどのSH基，S-S結合を含んでおり，これらはフリーラジカルの除去（スカベンジャー）に関与するので，間接作用に有効である（図2-15）．正常細胞内に存在するグルタチオンも同じような役割を果たす．フリーラジカルが関与していることから，被曝直前に服用することで放射線障害を軽減できるが，照射後に投与しても全く効果はない．

　一方，血圧上昇や血管収縮などの薬理作用をもつアセチルコリン，ヒスタミ

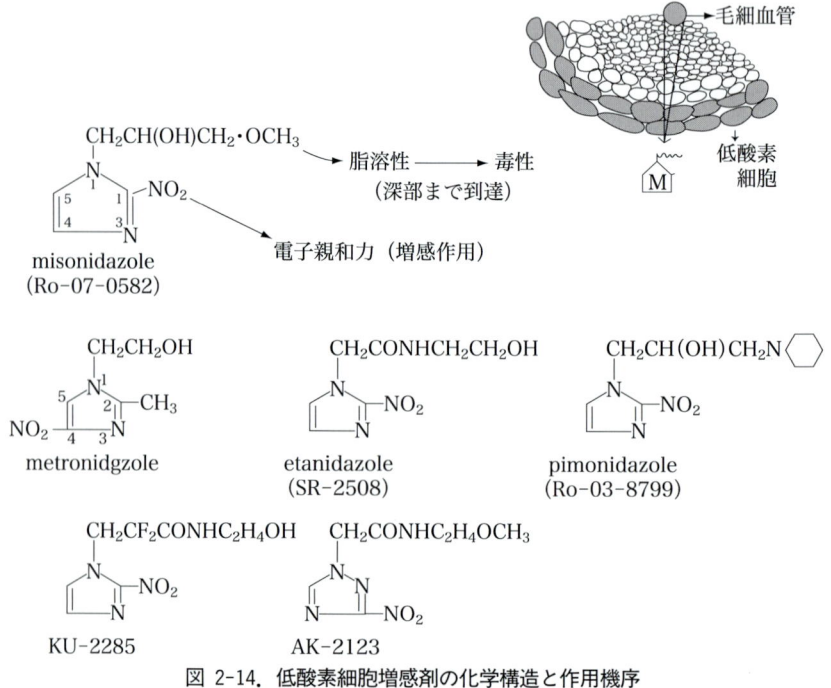

図2-14．低酸素細胞増感剤の化学構造と作用機序

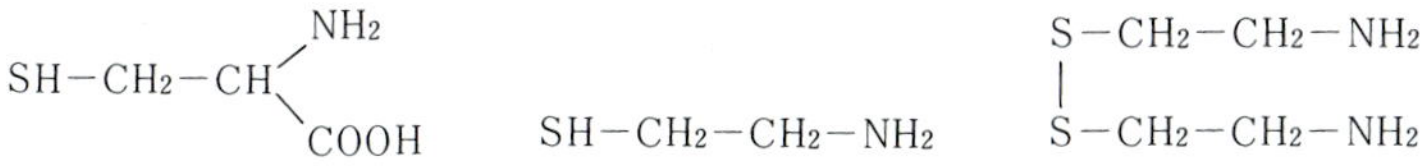

```
SH-CH₂-CH(NH₂)(COOH)        SH-CH₂-CH₂-NH₂        S-CH₂-CH₂-NH₂
                                                   |
                                                   S-CH₂-CH₂-NH₂
    システイン                  システアミン              シスタミン
```

H₂NCH₂CH₂CH・NHCH₂CH₂S・PO₃H・nH₂O
WR-2721
{S-2-(3-アミノプロピルアミノ)エチルチオ燐酸水和物}

図 2-15. SH 防護化合物

ン, セロトニンなどの薬剤は, 組織内の酸素分圧を下げ酸素効果を小さくするので, 個体レベルで防護効果がある.

5. 温度効果

温度の低下も放射線の生物学的効果を減少させることから, 温度効果とよばれている. 温度効果の説明として, 低温によるラジカルの拡散性の減少によるとの考え方と, 低温によって引き起こされた局所の循環障害の結果として低酸素状態を呈するためとの考え方がある.

F. DNA の損傷と修復

DNA は遺伝物質であり, 細胞のあらゆる生命現象の主役であるので, 放射線による DNA の損傷は, 他の生体構成物質と比較してより重大な意味をもつ. 分子生物学の展開により, DNA(遺伝子)の構造と機能に関する詳細な知見が得られ, 放射線による DNA の損傷とその修復に関する分子機構も明らかになってきている.

1. DNA 分子

DNA は化学的には塩基(プリンまたはピリミジン), 五炭糖(デオキシリボース), リン酸を各1分子含むデオキシリボヌクレオチドが, リン酸ジエステル結合(3'-5'ホスホジエステル結合)で鎖状に連なった高分子ポリマー(ポリヌクレオチド鎖)である. DNA に含まれる4種類の塩基はアデニン(A), グアニン(G), チミン(T), シトシン(C)である.

1953年，ワトソンとクリックによって提唱されたDNAの分子モデルを図2-16に示している．DNAは2つのポリヌクレオチド鎖が互いに逆向きの形で，お互いの塩基の間で形成された水素結合でつながった二重らせん構造をしている．水素結合は，アデニンとチミンならびにグアニンとシトシンが対をなし，これら特定の塩基間でのみ形成される（相補的塩基対形成）．DNA複製の過程では，これら相補的な2本鎖がいったんほどけて，それぞれの鎖の塩基配列情報を鋳型として，新たに相補的なDNA分子を合成することにより，全く同一な2本の二重鎖DNA分子が形成されることになる．DNA鎖上の一列に並んだ塩基配列を，3つずつ区切った（トリプレット）が遺伝暗号（コドン）となり，メッセンジャーRNA（mRNA）を介して（転写），蛋白質合成（翻訳）において1つのアミノ酸の配列を決定するというやり方で，DNA鎖上の遺伝情報が発現する．RNA分子の組成はDNAのものと似ているが，糖としてリボースを，またチミン塩基のかわりにウラシル塩基を含むところが異なっている．

このように重要な役目を担っているDNA分子は，電離放射線や環境化学物質さらには生体内の代謝産物によって生じる偶発的な損傷，また複製の過程でまれに発生する誤りの危険に絶えずさらされている．生物は長い進化の過程を経て，DNA上の遺伝情報を安定に保持する分子機構を獲得しており，これらの防御系をひとまとめにしてDNA修復 DNA repair とよぶ．ごくまれであるが，

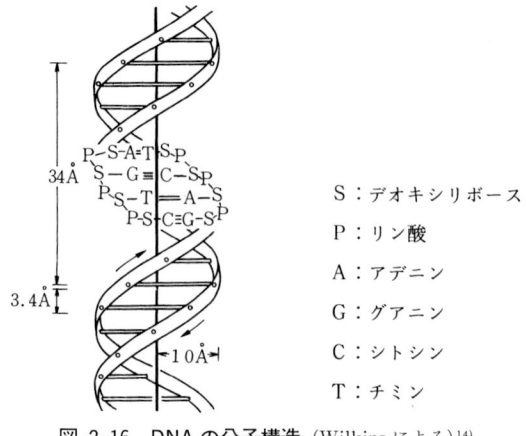

図 2-16. DNAの分子構造 (Wilkinsによる)[14]

DNA複製と修復の過程がうまく機能せずに，DNAに永続的な変化が生じることがある．これは変異 mutation とよばれ，時として生物にとって重大な結果をもたらすことにもつながる．

2．DNAの損傷

　細胞内に存在するDNA分子は自然の状態でもさまざまな損傷を受けている．DNA分子の熱的ゆらぎによる変化として，塩基と糖の間のグリコシド結合が切断されて塩基が遊離したり，塩基のアミノ基が遊離したりする．また活性酸素などの反応性の高い代謝産物による塩基の酸化，紫外線によるピリミジン二量体（ダイマー）の形成やアルキル化剤による塩基の修飾（メチル化）など，多くの損傷が知られている（**表2-1，図2-17，図2-18**）．電離放射線の照射によって生じるDNA損傷には上記の自然DNA損傷を含め100種類以上が存在するといわれているが，主なものは塩基の損傷・塩基の遊離，1本鎖・2本鎖切断，DNA分子間の架橋の形成などである．ヒトや哺乳動物細胞では1 cGyで細胞当たり5〜10個の1本鎖切断，0.1〜1個の2本鎖切断が生じるといわれており，X線やγ線などの低LET放射線では，1本鎖切断は30〜60 eVのエネルギー付与で起きる．

表 2-1．主な自然DNA損傷の種類とDNA中の定常レベル

損傷を引き起こす反応	代表例	DNA中の定常レベル	原因となる細胞要因
脱アミノ	dC → dU	200/ゲノム/日 （ヒト細胞での推定値）	水分子の熱運動
酸化	dG → 8-oxodG	170/ゲノム/日 （ヒト細胞での実測値）	酸素ラジカル
メチル化	dG → 7-metdG	230,000/ゲノム/日 （ラットでの実測値）	S-アデノシルメチオニン
脱塩基	dG → AP部位	20,000/ゲノム/日 （ヒト細胞での推定値）	酸（H^+）

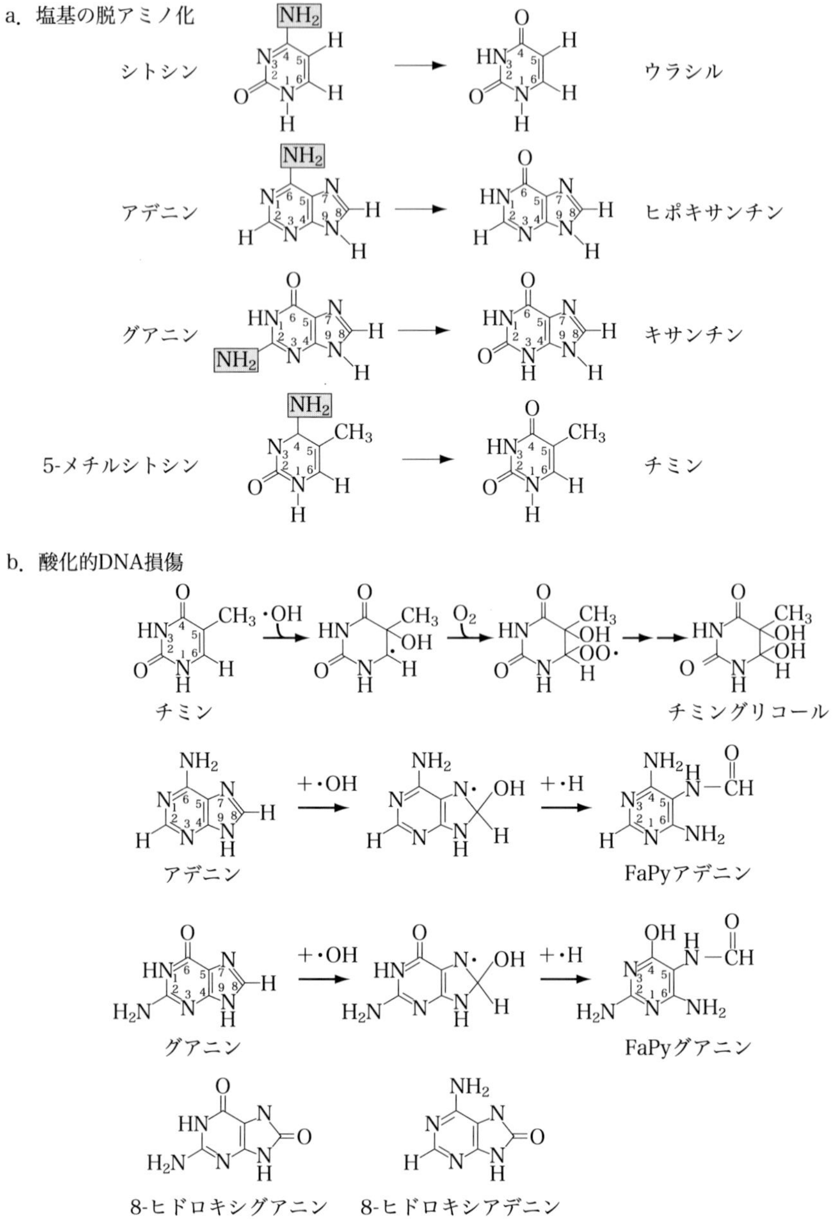

24　放射線生物作用の機作

a. 塩基の脱アミノ化

シトシン → ウラシル

アデニン → ヒポキサンチン

グアニン → キサンチン

5-メチルシトシン → チミン

b. 酸化的DNA損傷

チミン → → → チミングリコール

アデニン → → FaPyアデニン

グアニン → → FaPyグアニン

8-ヒドロキシグアニン　　8-ヒドロキシアデニン

図 2-17．さまざまな塩基損傷

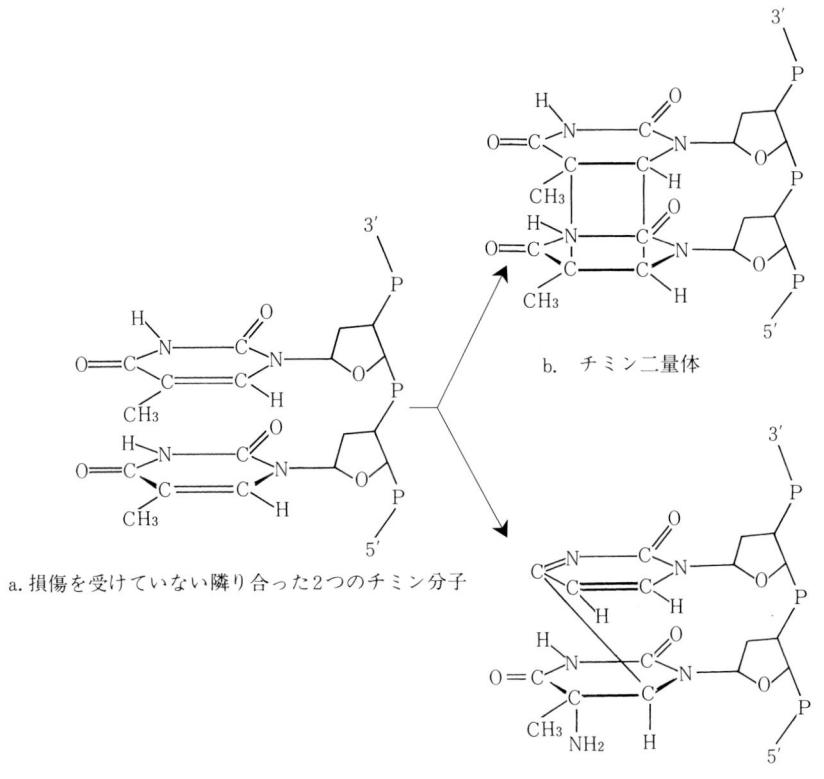

図 2-18. 紫外線によって生じる DNA 光産物
(Wang & Varghese による)[15]

3. DNA 修復機構

　DNA 上に起こる化学変化は，放置されるとつぎの複製のときに誤った塩基に変わったり，複製そのものを阻害して細胞にとって重大な結果をもたらすことになる．染色体上に書かれた遺伝情報を正確に維持するためには，細胞にとってこれらの DNA 損傷を修復する能力が必須である．DNA 修復系は複数の経路から成っており，損傷の種類によっては複数の段階で処理される (**表 2-2**)．DNA 修復系は突然変異や発癌を抑制する機構ということができる．

表 2-2. 生物界に広く分布している DNA 修復系

修復系の名称	修復の主な基質	修復の仕方
塩基除去修復	修飾された塩基（活性酸素による塩基損傷など）	損傷を受けた塩基を含む1～数ヌクレオチドの除去と修復合成
ヌクレオチド除去修復	DNA 構造変化を伴う損傷（紫外線による損傷など）	損傷を含む数十ヌクレオチドの除去と修復合成
ミスマッチ修復	複製の間違いによる塩基対合の誤り	ミスマッチを含む長いヌクレオチドの除去と修復合成
組換え修復	DNA 2本鎖切断	DNA 鎖の組換えと修復合成

4．損傷部位特異的な酵素系

DNA 損傷に応じてそれぞれに特異的な酵素系がある．以下に示すように DNA を切らずに塩基の損傷を修復するものや，塩基除去修復系に属する損傷塩基を取り除くタイプのものなどが知られている．

1）光回復酵素

紫外線によって形成されるピリミジン二量体などを可視光の存在下で修復する酵素である．ショウジョウバエやトリなどには存在するが，ヒトなどの哺乳動物細胞では検出されていない．

2）DNA グリコシラーゼ類

変化した損傷塩基を認識して切断する酵素類．塩基と糖（デオキシリボース）との間のグリコシド結合を加水分解することで，修飾塩基の修復反応を開始する．

3）AP エンドヌクレアーゼ

脱プリン化，脱ピリミジン化された部分を認識し，その修飾塩基部分の 3′末端もしくは 5′末端でホスホジエステル結合を加水分解する酵素．

4）アルキルトランスフェラーゼ

アルキル化剤によって DNA 中に生じた変異原性の O^6-メチルグアニンや O^4-メチルチミンなどの修飾塩基から，直接メチル基などのアルキル基を転移することによって修復する酵素．

5．ヌクレオチド除去修復系

ヌクレオチド除去修復系は，DNA 損傷の 5′側と 3′側に切れ目（ニック）を入

図 2-19. 大腸菌のヌクレオチド除去修復系
(Sancer & Rupp による)[16]

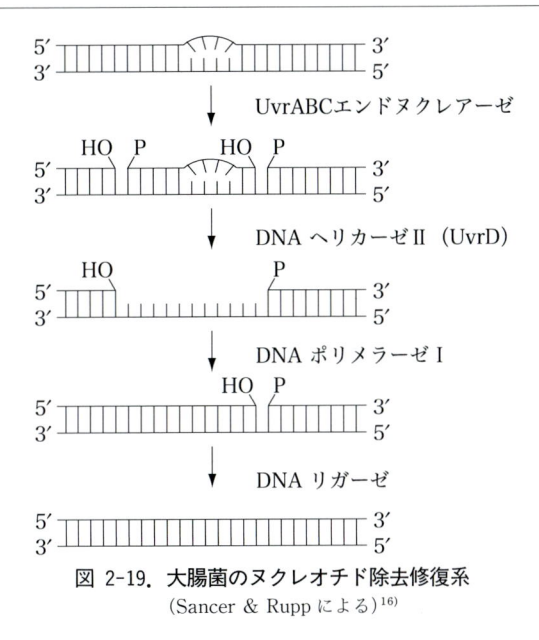

れて，損傷を受けた塩基を含む数十塩基の1本鎖を取り除いて修復合成を行う機構である．この系により，紫外線によって生じるピリミジン二量体や6-4光産物などの，DNA構造の比較的大きな変化を伴うような損傷を効率良く修復される．図2-19に大腸菌の解析から明らかになったヌクレオチド除去修復の過程を示している．UvrAの二量体とUvrBとの複合体により，DNA上の損傷が認識され，UvrCにより損傷の両側でDNA鎖の切断が起こる．つぎにヘリカーゼⅡ (UvrD) が損傷部位を含む12塩基の断片を解きほぐし，DNAポリメラーゼⅠ (PolⅠ) により新しい鎖が合成される．この後，DNAリガーゼにより，DNA鎖が連結され，修復が完了する．

　以上の基本的な過程はヒトにおいても共通である．ヒトではこの過程を欠いた遺伝性疾患が知られている．高い頻度で皮膚発癌が見られる色素性乾皮症 (xeroderma pigmentosum：XP) の患者由来の細胞は，紫外線に高感受性で7つの相補性群に分類され，それぞれ7つの異なる遺伝子の変異が原因となっている (表2-3)．ヒトでは，これら7つのXP蛋白質に加えて20種類以上の蛋白質の共同作用でヌクレオチド除去修復が行われている．このほかコケイン症候

表 2-3. ヌクレオチド除去修復に関わるヒトの遺伝子群

ヒト変異体	紫外線感受性[a]	UDS[b]	遺伝子	蛋白質の機能など
XP-A	+++	<5	*XPA*	損傷 DNA 結合
XP-B	++	<10	*XPB/ERCC 3*	DNA ヘリカーゼ，基本転写因子
XP-C	+	15〜30	*XPC*	HHR 23 B と複合体，DNA 結合
XP-D	++	15〜50	*XPD/ERCC 2*	DNA ヘリカーゼ，基本転写因子
XP-E	±	>50		損傷 DNA 結合
XP-F	+	15〜30		ERCC 1 などと複合体，エンドヌクレアーゼ？
XP-G	++	<10	*XPG/ERCC 5*	エンドヌクレアーゼ？
CS-A	+	100		転写-NER カップリング
CS-B	+	100	*CSB/ERCC 6*	DNA ヘリカーゼ？，転写-NER カップリング
			ERCC 1	ERCC 4，ERCC 11 と複合体

[a] +が多いほど紫外線高感受性であることを示す．[b] 正常細胞に対する百分率で示した．

群 Cockayne's syndrome：CS もヌクレオチド除去修復系の欠損であるが，2つの蛋白質 CSA，CSB は転写と共役した経路に重要な働きをもっている．

6．ミスマッチ修復系

DNA 複製の過程でまれに DNA 2 本鎖の間に相補的でない塩基対が形成されることがある．このようなミスマッチは通常 DNA ポリメラーゼの精度，校正機能によって回避されているが，時としてエラーとして残る場合がある．このほか，完全には相同でない DNA 鎖間の組換えの結果でも同じようなミスマッチが生じる．ミスマッチそのものは DNA 損傷とはいえないが，突然変異の原因となるためミスマッチ修復系により効率良く修復される．

図 2-20 a に大腸菌の解析から明らかになったミスマッチ修復の過程を示している．複製エラーで生じたミスマッチに対して，まず MutS が結合し，そこに MutL が会合して DNA との複合体を形成する．MutS, MutL 蛋白質はそれぞれホモダイマーとして働く．この複合体は MutH のもつ GATC 配列特異的なエンドヌクレアーゼを活性化して，いまだメチル化されていない新生 DNA 鎖の GATC 配列部位に切れ目を入れ，続いて DNA ヘリカーゼとエキソヌクレアーゼが働いて誤った塩基を含む新生 DNA 鎖が除去される．残った鋳型 DNA 鎖は 1 本鎖 DNA 結合蛋白質（SSB）によって保護され，生じた 1 本鎖

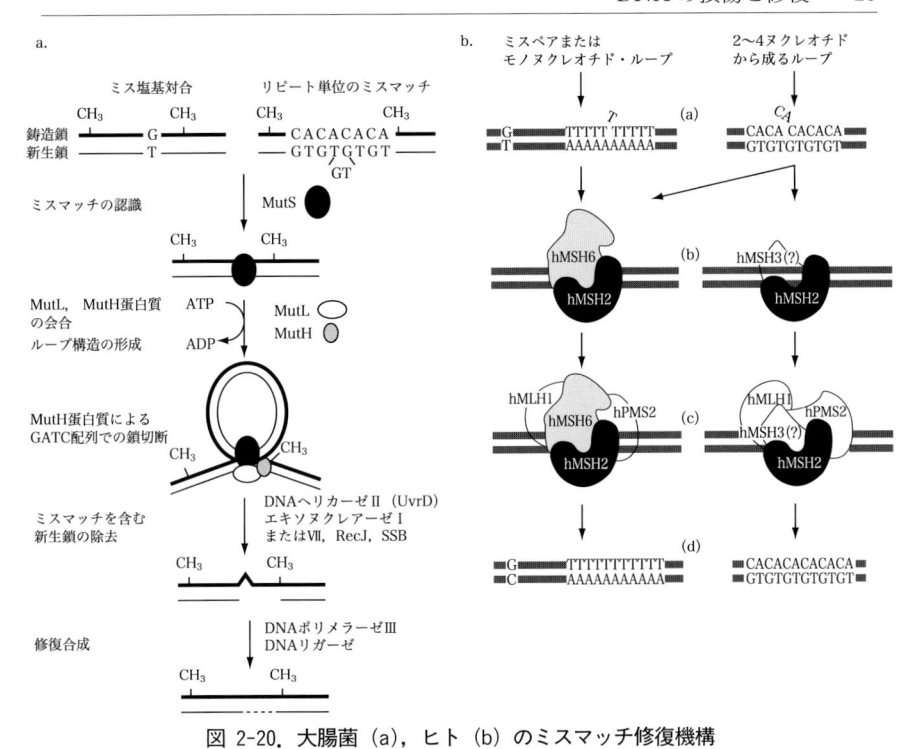

図 2-20. 大腸菌 (a), ヒト (b) のミスマッチ修復機構

表 2-4. ミスマッチ修復に関わるヒトの遺伝子群

大腸菌		ヒト		
遺伝子	遺伝子産物の機能	遺伝子	遺伝子座	HNPCCにおける頻度
mutS	ミスペアへの特異的結合	MSH 2	2 p 16	50〜60%
		MSH 6	2 p 16	ごくわずか
mutL	MutSとMutHの連結?	MLH 1	3 p 21.3	30〜40%
		PMS 1	2 q 31〜q 33	ごくわずか
		PMS 2	7 p 22	ごくわずか
mutH	GATC配列特異的エンドヌクレアーゼ			
uvrD (mutU)	DNAヘリカーゼ			
dam	GATC配列特異的DNAメチラーゼ			

DNA の部分は，DNA ポリメラーゼによる再合成によって埋められる．ヒトの細胞では，MutS に相当するもの（ホモログ）として hMSH 2，hMSH 3，hMSH 6 が，また MutL ホモログとして hMLH 1，hPMS 2 などが知られている（表 2-4）．

図 2-20 b にヒトのミスマッチ修復機構も基本的な過程は大腸菌のものと共通しているが，ヒトのゲノムには大腸菌のような GATC 配列でのメチル化による目印はつかないので，別の仕組みで誤りを含む新生 DNA 鎖を識別していると考えられている．すべてのミスマッチ修復に，hMSH 2 蛋白質が必要で，誤り対合や 1 塩基から成るループは hMSH 2 と hMSH 6 から成るヘテロダイマーが認識し，また 2〜4 塩基のループは hMSH 2 と hMSH 3 から成るヘテロダイマーが認識する．つぎのステップで hMLH 1 と hPMS 2 から成るヘテロダイマーは，hMSH 2 を含むヘテロダイマーと DNA の複合体と会合する．この後，ミスマッチの除去，正確な塩基の配置を伴う DNA の再合成を経て切れ目が連結され，修復は完了する．ミスマッチ修復系は主に複製の際のエラーによる突然変異を抑制することから，その欠損は発癌の原因となる突然変異を多く作り出すと考えられ，実際，遺伝性非腺腫性大腸癌（HNPCC）の患者では，ミスマッチ修復系の蛋白質の欠損が見つかっている．

7．組換え修復

図 2-21 左に相同染色体の情報を活用した相同組換えによる修復のモデルを示している．この組換えの過程で働く多くの蛋白質が酵母の X 線感受性変異株の解析で明らかになった．酵母のこれらの蛋白質の異常は，減数分裂での組換えにも欠損をもつものが多い．

2 本鎖切断は，ヌクレアーゼとヘリカーゼの働きで，3′側に 1 本鎖が突き出すような処理を受ける．Rad 51 蛋白質は 1 本鎖 DNA と結合してフィラメントを形成するが，このフィラメントが 1 本鎖 DNA と 2 本鎖 DNA とに同時に結合することができるため，DNA の 2 本鎖の配列に相同な 1 本鎖 DNA を対合させることができ，その際生じる 3 本鎖の内で DNA 鎖の交換反応が起こる．このようにして，損傷のない相同 DNA 鎖が 1 本鎖部分に対合した後に DNA 合成反応が進み，最終的には交叉部分が切断・再結合されることにより修復が完了する．

DNA の損傷と修復

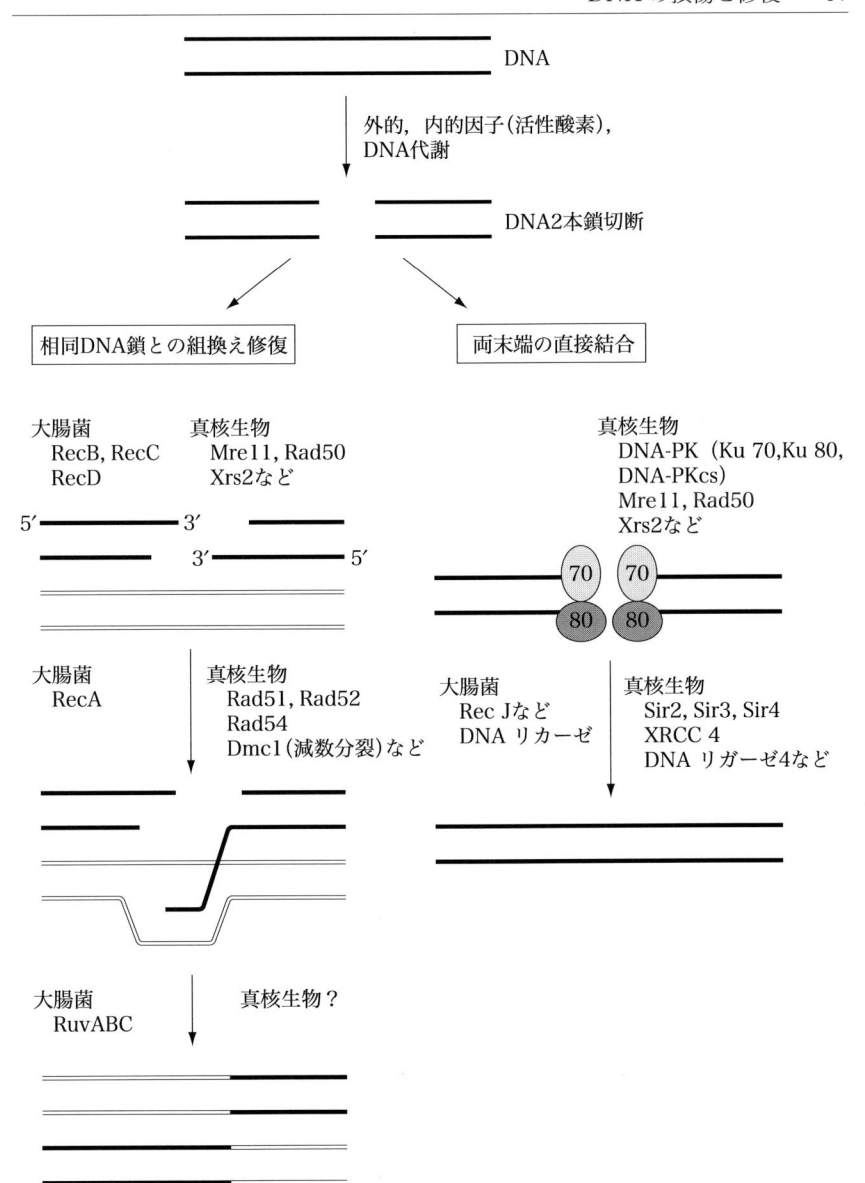

```
                        DNA
                         │
                         │ 外的, 内的因子(活性酸素),
                         │ DNA代謝
                         ▼
                    DNA2本鎖切断
                    ↙         ↘
        相同DNA鎖との組換え修復      両末端の直接結合
```

大腸菌　　　　真核生物　　　　　　　　真核生物
RecB, RecC　　Mre11, Rad50　　　　　DNA-PK（Ku 70, Ku 80,
RecD　　　　　Xrs2 など　　　　　　　　DNA-PKcs）
　　　　　　　　　　　　　　　　　　　Mre11, Rad50
5′──────3′　　　　　　　　　　　　　　　Xrs2 など
　　──────　
　　3′──────5′　　　　　　　　　　70　70
　══════════　　　　　　　　　　　　80　80
　══════════

大腸菌　　　　真核生物　　　　　　大腸菌　　　　真核生物
RecA　　　　　Rad51, Rad52　　　　Rec J など　　Sir2, Sir3, Sir4
　　　　　　　Rad54　　　　　　　　DNA リガーゼ　XRCC 4
　　　　　　　Dmc1 (減数分裂) など　　　　　　　　DNA リガーゼ4 など

大腸菌　　　　真核生物？
RuvABC

図 2-21．DNA 2 本鎖切断に対する 2 つの修復経路

ヒトなどの哺乳動物では複製の際を除いては，X線などで生じたDNAの2本鎖切断を相同染色体間の組換えで修復する頻度は低く，切断されたDNA鎖を直接結合させる非相同組換えの機構で修復されることが多い（図2-21右）．この機構では，Ku 70, Ku 80蛋白質とDNA依存性蛋白質リン酸化酵素(DNA-dependent protein kinase：DNA-PKcs)からなる複合体がX線による2本鎖切断の修復開始に関与すると考えられている．実際，X線に高感受性で免疫不全のスキッドマウスは，DNA-PKcsに欠損があることが知られている．一般に非相同末端結合による修復の方が突然変異を起こしやすく，相同組換えは正確ではあるが染色体組換えを引き起こしやすいといわれている．どちらの過程で修復するのかの制御機構については現在研究が進んでいる．

8．DNA修復欠損に関連するヒトの疾患

DNAが損傷を受けると，そのシグナルを感知してさまざまな細胞の応答を

表 2-5．DNA修復の欠損に関連するヒトの疾患

遺伝病名	感受性	発癌感受性	症　状	欠損遺伝子と機能
色素性乾皮症	紫外線と化学変異原	皮膚癌	皮膚と眼の紫外線感受性，神経異常	XPA, XPB, XPC, XPD, XPF, XPG ヌクレオチド除去修復複合体の構成因子
コケイン症候群	紫外線	発癌例の報告はない	紫外線感受性，身体・知能発育不全，神経疾患	CSA, CSB 除去修復の転写依存性修復（TCR）
毛細血管拡張性失調症	電離放射線	悪性リンパ腫	神経疾患，小脳性失調，毛細血管拡張	ATM DNA損傷のセンサーとして細胞周期のチェックポイントに働く
ブルーム症候群	アルキル化剤	悪性リンパ腫 急性白血病	光線過敏性，染色体異常（高頻度の姉妹染色分体交換）	BLM DNAヘリカーゼ
ファンコーニ貧血症	DNAクロスリンク剤	急性白血病	多発性奇形を伴う先天性再生不良性貧血	FAの相補性群として FAA, FAB, FAC, FAD, FAEの5群に分けられる．
ナイミーヘン症候群	電離放射線	悪性リンパ腫	小脳性疾患，免疫異常	NBS

引き起こす機構が存在する．X線に高感受性で高発癌性の遺伝病である毛細血管拡張性失調症（アタキシア・テランジェクタシア）の原因遺伝子 *ATM* や，ナイミーヘン症候群（Nijmegen breakage syndrome）の原因遺伝子 *NBS* の解析から，これらの遺伝子に欠損がある場合，DNA損傷に応じて細胞周期を停止させて修復させるというシグナルが発動せずに，そのまま複製・細胞分裂を継続してしまうことからX線に感受性になるといわれている．このほか，放射線などで生じたDNAの損傷の程度を認識して，細胞周期を停止させて修復するか，あるいは損傷度がひどいときにはその細胞自身を自爆に導く（アポトーシスとよばれる細胞死により処理する）という選択をする重要な役目をもつp53蛋白質も知られている．*p53* 遺伝子は癌抑制遺伝子に分類され，多くの癌組織で遺伝子の異常が見つかっており，p53蛋白質はこのような役目を通して発癌の抑制に関与していると考えられている．表2-5にDNA修復欠損に関連するヒトの遺伝性疾患についてまとめた．この表にはミスマッチ修復欠損とp53の欠損は含まれていないが，両者ともDNA修復ひいては発癌の抑制にきわめて重要な働きをしている．

3. 細胞に対する放射線の作用

Summary

1. 細胞を培養したときのコロニー形成能を基準にした生残率で，放射線感受性を測定することができる．
2. 片対数グラフ上の横軸に線量，縦軸に生残率をプロットした生残率曲線は，高LET放射線では直線，X線などの低LET放射線の低線量域では肩をもつ指数関数曲線となる．
3. 分裂細胞の細胞周期はM, G_1, S, G_2の4期から成り，分裂期（M期）とG_1後期からS期への移行期にかけては放射線感受性が高い．
4. 細胞死には，数回分裂後に分裂能力を喪失することによる増殖死と，1回も分裂することなく死に至る間期死がある．照射により，巨大核形成や核の変形，分裂遅延（世代時間の延長）が観察される．
5. 遺伝情報を正確に娘細胞に伝えるために，細胞には損傷DNAの程度を感知するためのチェックポイントがある．
6. 放射線照射による細胞障害は，致死障害，亜致死障害，潜在性致死障害の3つに分類される．
7. 亜致死障害とは追加照射が無ければ数時間で回復する障害でSLD回復といわれ，細胞の生残率曲線の肩の部分に相当する．
8. 照射後，細胞の環境を変えることによって致死に至るべき細胞が回復する現象をPLD回復という．
9. 放射線照射により染色体の切断が起こり，欠失，転座，再結合が見られる．この他，二動原体形成やリング形成などの致死的な染色体異常がある．
10. DNA修復の欠損によって発癌リスクが上昇することが知られている．
11. 放射線の遺伝的影響は，生殖細胞における突然変異が原因であり，ショウジョウバエやマウスなどの実験動物では証明されている．
12. 発癌は突然変異が段階的に蓄積した結果起こると考えられている．

細胞内の標的分子（DNA）に生じた放射線による損傷は物質代謝を通して，細胞レベルでの損傷として発現し，細胞死，突然変異および癌化を誘発する．一方このような障害発現過程と併行して，細胞内では初期損傷を修復しようとする回復過程も同時に働いている．

A. 細胞の放射線感受性

細胞には機能や増殖の様式が異なったものが種々あるので，その放射線感受性の基準も場合によって変わる．脳，筋肉や分泌組織のような分裂をしない分化した細胞では細胞の機能を基準とすべきであるが，その測定は困難な場合が多い．一方，分裂を行う細胞再生系（造血組織，消化管など）の幹細胞 stem cell や癌細胞では，増殖能 reproductive integrity が放射線感受性を示すよい判定基準となっている．以下，種々の細胞の場合について，感受性の測定方法とその結果について述べる．

1. 培養哺乳動物細胞

1956年にPuck & Marcus（パックとマルカス）[4]により哺乳動物細胞のクローン培養法が確立され，細胞の増殖能への放射線の作用を定量的に表わすことが可能となり，その後，放射線細胞生物学は飛躍的に進歩した．クローン培養とは単離された少数個（約100個/径60 mmシャーレ）の細胞を植えて，単一細胞由来の子孫細胞からなる肉眼的に認め得る細胞集落（コロニー）を形成させる培養法である．すでに1940年頃より哺乳動物細胞を試験管内 in vitro で培養することが可能となったが，少数個の細胞の培養は困難であり，培養液や培養条件の改良によりクローン培養が成功した．この方法によると，細胞の増殖能の有無は一定の培養期間内にある一定数以上の細胞からなるコロニーを形成し得るかどうかで判断される（図3-1）．

次に現在一般に行われている増殖能にもとづく細胞の生残率の求め方について簡単に説明しよう．細胞には細胞表面の性質の違いで，ガラスやプラスチックなどの表面に付着して単層状に生える細胞と，付着しないで浮遊状態で生えるものとがあるが，前者の場合はトリプシンなどで処理して浮遊状態にした後，細胞数をカウントし一定数の細胞を培養液（アミノ酸，糖，ビタミン，塩類，

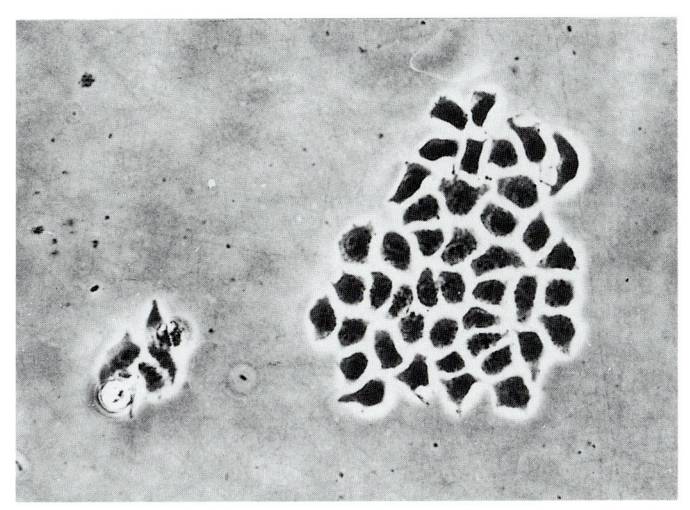

図 3-1. HeLa 細胞のコロニー，X 線 3 Gy 照射 4 日目
右：43 個の細胞よりなる．増殖能ありと考えられる．
左：5 個の細胞よりなる．増殖能なしと考えられる．

血清からなる）を入れたプラスチックシャーレに分散させる．放射線照射後CO_2インキュベーター中で 1〜2 週間 37°C で培養しコロニーを形成させる．付着して生える細胞の場合は細胞を固定後染色し，実体顕微鏡でコロニーを観察し，50 個以上の正常細胞からなりその後増え続けるコロニー—viable colony と，50 個以下でその後消滅すると考えられるできそこないのコロニー—abortive colony とに区別し前者の数をかぞえる．なお放射線を照射していないグループを対照とする．放射線照射をしなくても細胞集団中に死んでいく細胞が一部（5〜10%）含まれるし，細胞分散の操作で損傷を受けるので，シャーレに植えた細胞数よりコロニー数は少なくなる．たとえばシャーレに 100 個の細胞を植えて 80 個のコロニーができたとすると，コロニー形成率 plating efficiency：PE は 80% となる．放射線照射された細胞のコロニー形成能を基準にした生残率 surviving fraction は照射細胞のコロニー形成率を非照射細胞の形成率（PE）で補正した値になる．すなわち次式で表わされる．

$$生残率 = \frac{照射後形成されたコロニー数}{植えた細胞数 \times (PE/100)}$$

図 3-2. 生残率曲線

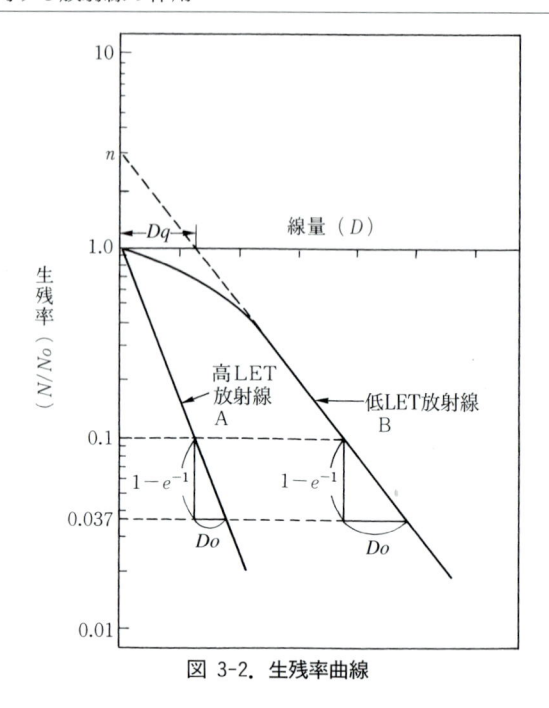

　500 個の細胞を植えたシャーレにある線量照射して 80 個のコロニーが形成された場合，PE を 80％ とすると，上式から生残率は 0.2 となる．線量を変えて生残率を求め，片対数グラフ上に横軸に線量，縦軸に生残率をとり描くことにより生残率曲線 survival curve が得られる（図 3-2）．一般に中性子や α 線のような高 LET 放射線では指数函数曲線で片対数グラフ上では直線になるが（図 3-2：A），X 線のような低 LET 放射線では低線量域では肩をもつ指数函数曲線となる（図 3-2：B）．後者の場合，生残率 (N/N_0) はヒット理論による多標的単一ヒットモデルにもとづいて近似されることが多いが，パラメーター D_0 は直線部分の傾斜から，n は直線部分を外挿し縦軸と交叉する点(外挿数)の値から求めることができる．なお直線部分を外挿し横軸と交わる点の値は D_q (quasi-threshold dose：準閾値線量) とよんでおり，細胞の回復能力と関係がある．なおこれらのパラメーターの間には次の関係式が成り立つ：$\log_e n = D_q/D_0$．1956 年に Puck（パック）らによってヒトの子宮頚部癌由来のヒラ細胞 (HeLa；患者名 Henrietta Lacks による) で初めて X 線生残率曲線が作られ，

$D_0 = 96$ R, $n = 2$ であると報告された．その後種々の細胞についても調べられたが，D_0 は 1〜2 Gy の範囲にあるが，外挿数 n は 1.5〜10 とかなり細胞によって異なる．

2. 移植腫瘍細胞

試験管内で成育させ放射線を照射しコロニー形成能で判定した放射線感受性が，はたして生体内の細胞の感受性を表しているかどうかが，HeLa 細胞の生残率曲線が報告された直後議論の的となったが，1959 年に Hewitt & Wilson（ヘーウィットとウィルソン）[20]により CBA マウスのリンパ性白血病細胞の生体内生残率曲線が巧妙な方法で作られ，回答が与えられた．この方法は希釈測定法とよばれるものである．この白血病細胞は腹腔内に移植することによりマウスから他の個体のマウスに継代されるが，移植する細胞の数を希釈して少なくすると当然移植成功率は低下する．図 3-3 に成功率が 50% のときの細胞数 TD 50（tumor dose/50%）が 2 である（カーブ A）例を示す．もしも細胞を移植前に X 線を照射した場合，TD 50 の値が 20 になったとすると（カーブ B），20 個の細胞のうち生き残ったのは 2 個ということになり，生残率は $2/20 = 0.1$ となる．すなわち生残率は照射と非照射の TD 50 の比として表わされる．

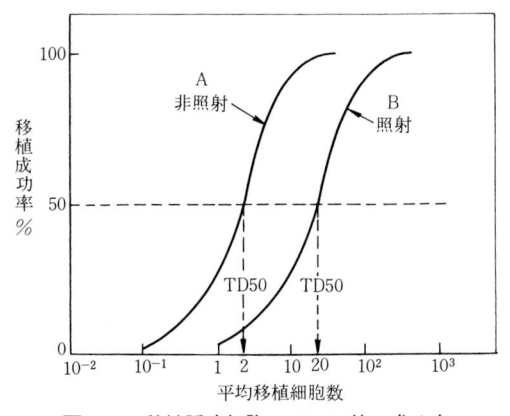

$$生残率 = \frac{非照射\ TD\ 50}{照射\ TD\ 50}$$

図 3-3. 移植腫瘍細胞の TD 50 値の求め方

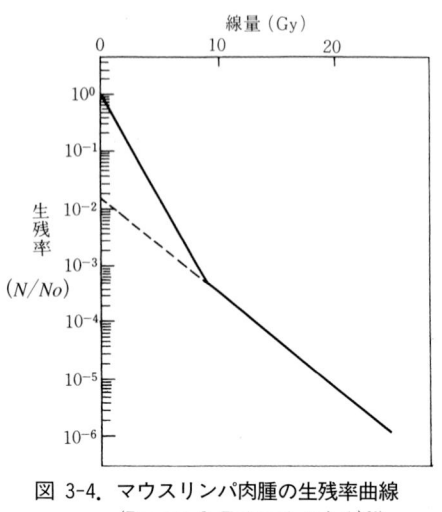

図 3-4. マウスリンパ肉腫の生残率曲線
(Powers & Tolmach による)[21]

　腹腔内で照射された白血病細胞の生残曲線の D_0 値は約 4 Gy と大きな値となったが，その原因は腹腔内の細胞密度が大きく，細胞の呼吸により低酸素状態 hypoxia になっているためだと考えられた．

　この方法は固型腫瘍にも適用できる．Powers & Tolmach（パワーズとトルマク）[21]はマウスの皮下に植えた固型のリンパ肉腫 lymphosarcoma の X 線生残率曲線を同じ方法で作った．おもしろいことにこの場合，曲線は二相性を示し，0～9 Gy の範囲は $D_0=1.1$ Gy の勾配が急なカーブで，9～20 Gy ではより穏やかで $D_0=2.6$ Gy であった（図 3-4）．このことはこの固型腫瘍は放射線感受性の異なる 2 つの集団，すなわち血管に近く酸素の供給が十分な酸素細胞 oxic cell と酸素不十分の低酸素細胞 hypoxic cell からなり，酸素効果 oxygen effect により前者がより高感受性で，後者はより抵抗性であることを示している．低酸素細胞の占める割合は，図 3-4 の高線量域の直線部分を外挿して縦軸と交わる点の値として求めることができ，この場合約 1％ となる．その他の腫瘍でも同じ方法で調べたところ，約 15％ という値を示すものが多かった．この低酸素細胞は放射線治療で一番問題になるものである．

3．骨髄細胞

　約 10 Gy 以下の線量による哺乳動物の死因は主に造血障害であり，幹細胞である骨髄細胞が損傷を受けたためである．致死線量（9～10 Gy）照射したマウスに，照射していない同系マウスの骨髄細胞を静注すると，脾臓に付着して増殖，分化するため，照射マウスの寿命が延長する．Till & McCulloch（ティルとマッカラフ）[22]は注入する骨髄細胞の数と脾に形成されるコロニー（または結節 nodule）の数との間には比例関係がある（約 10^4 細胞/コロニー）のを見いだし，骨髄細胞の生残率曲線を描くことに成功した．この方法は脾コロニー法とよばれ生残率は次式で示される．

$$生残率 = \frac{脾コロニー数}{注入した骨髄細胞数 \times PE}$$

この場合，約 10^4 個の非照射骨髄細胞中にはコロニー形成能を有するもの 1 個しか存在しないので，コロニー形成率（PE）は 10^{-4} になる．このようにして得られた生残率曲線のパラメーターは $D_0=0.95$ Gy，外挿数 $n=1.5$ であり，感受性は高い方である．

4．小腸腺窩細胞

　小腸上皮は典型的な細胞再生系であり，幹細胞は絨毛の根元の腺窩 crypt の部分にあり活発に分裂している．さらに細胞は腺窩から絨毛に移行する過程で成熟し，絨毛上をらせん状に回転しつつ昇っていき，その間栄養分，水分吸収の機能を発揮する．絨毛の尖端に達した後脱離して失われていくが，その分は幹細胞の分裂で生じた細胞によって補われる．

　11～16 Gy の X 線または γ 線をマウスの空腸に照射すると，腺窩の幹細胞が分裂不能になるため絨毛部分への細胞の補給が停止し，絨毛は短くなる．しかし，3～4 日後には生き残った幹細胞が再増殖して再生腺窩を形成する．Withers & Elkind（ウィザースとエルカインド）[23]は照射 3.5 日目の空腸の横断切片で観察される再生腺窩の数を指標にして，空腸上皮の幹細胞の生残曲線を求める方法を考案した．図 3-5 に示す生残曲線は通常の場合と異なり，縦軸は生残率ではなく再生腺窩の数（または幹細胞の数）として示してあるが，その理由は非照射対照は腺窩の数が多すぎて測定不能のためである．しかし片対数グラフ

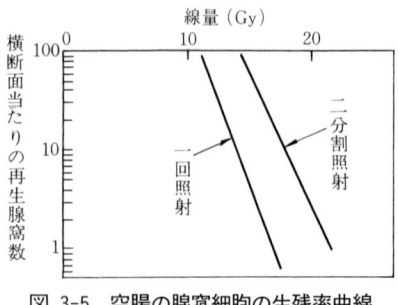

図 3-5. 空腸の腺窩細胞の生残率曲線
(Withers & Elkind による)[23]

上での直線の傾きより D_0 値が得られ，約 1.3 Gy である．D_q 値は 1 回照射と二分割照射の生残曲線の間隔から約 4〜4.5 Gy であると考えられる．

5. 皮膚上皮細胞，その他

皮膚も再生組織であり，空腸の場合と同様に再生能力を指標にして感受性を測定できる．毛を除いたマウスの皮膚の一部を，適当な遮蔽物を用いて環状に軟 X 線 (30 kV) 30 Gy 照射し，次に中央部にテスト線量を照射する（図 3-6）．環状部分は高線量照射したためすべての細胞は死に再生はなく，中央部に再生してくるコロニー状の皮膚は単一の生残細胞に由来すると考えられる．1 cm² 当たりの数を指標にして，空腸の場合と同時に生残曲線を描くことができる．D_q 値は二分割法により 3.5 Gy 程度である．外挿値 n は式 $\log_e n = D_q/D_0$ より約 12 である．

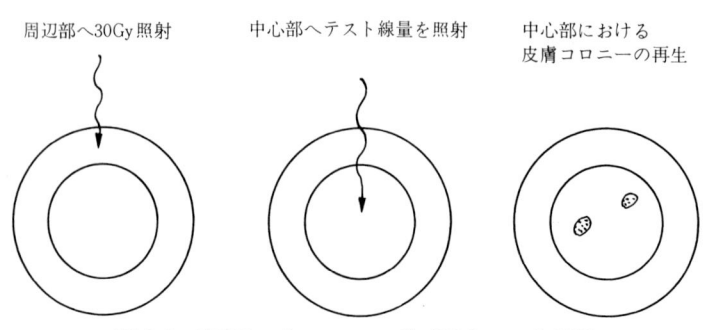

図 3-6. 皮膚のマクロコロニー法（Withers による）[24]

その他の再生系の組織も同様の方法で感受性が調べられている．また単離細胞を動物に移植した後に，増殖，分化し特殊な組織像を形成する場合は，移植癌細胞の TD 50 を目安にした希釈法と同様の方法で感受性が測定できる．たとえば甲状腺の細胞は腺状の濾胞単位の形成を目安にして感受性が測定でき，$D_0=1.92\,\text{Gy}$，$D_q=2.71\,\text{Gy}$，$n=4.1$ の値が報告されている．

B．細胞周期に対する放射線の影響

増殖している細胞集団および組織を構成する個々の細胞の放射線感受性は均一ではない．その理由は細胞は細胞周期 cell cycle を一周する間に生体構成成分が 2 倍になり，その後分裂を行い次の世代に進むが，細胞周期を進行する間に放射線感受性が変動しているからである．

1．細胞周期

細胞が分裂を行って次に分裂するまでは細胞の一世代であるが，この間に細胞は生体物質の複製を行い，体積も 2 倍になる．遺伝物質である DNA の複製は一世代のうちある特定の期間で複製されることが植物を含めた高等生物で明らかにされており，これにもとづき細胞増殖周期 cell cycle は図 3-7 に示すように 4 つの期 phase に区別されている（Howard & Pelc：ハワードとペルク，

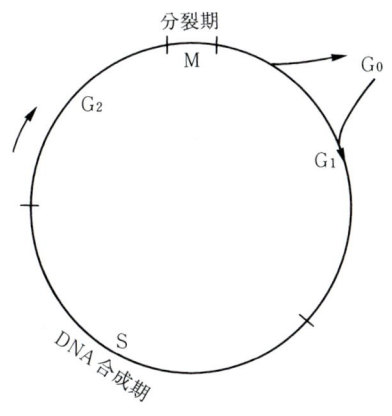

図 3-7．細胞増殖周期

1953)[25]．図中 S と記入したのは DNA 合成 synthesis 期であり，その前後の G_1, G_2 は準備期 Gap であり，G_1 期では DNA 合成の準備が，G_2 期では細胞分裂の準備がなされている．なお M 期は分裂 mitosis の時期である．細胞増殖は M → G_1 → S → G_2 → M の順に進み，M 期で分裂して2個になる．M 期ではクロマチンが凝集して太くなり染色体として観察されるので，他の期と容易に区別できる．なお培養細胞でガラス，プラスチックに付着して生える細胞では，G_1〜S〜G_2 の細胞は紡錘形をしているが，M 期では丸くなる．細胞が周期上を一回りする時間は世代時間 cell cycle time とよぶ．

2．放射線感受性の細胞周期依存

ランダムに指数増殖をしている細胞集団は M, G_1, S, G_2 期の細胞からなる混成集団であるので放射線照射して測定した放射線感受性は，たとえ感受性が細胞周期によって異なっていても，全体の平均値を示すにすぎない．感受性が細胞周期によって異なるかどうかを明らかにするためには，細胞周期が同調した集団 synchronized population に放射線を照射する必要がある．Terasima（寺島）& Tolmach（1961）[26)] は分裂期採取法 mitotic selection によって同調したHeLa 細胞を用いて，感受性の細胞周期による変動を調べた．HeLa 細胞のようにガラスやプラスチック面に付着して増殖する細胞は G_1, S, G_2 期では紡錘型で，細胞表面に存在する微小絨毛でガラスやプラスチック面にかなりしっかりと付着しているが，M 期に入ると球形になり，軽くピペットで液を吹きつけたり，ゆすったりする機械的操作で付着面からはずれるので，M 期細胞のみを集めることができる．その後，採取した細胞は同調して細胞周期を周るので，経時的に放射線照射することにより細胞周期のいろいろの時期の感受性を調べることができる．なお浮遊状態で増殖する細胞（マウス白血病細胞 L 5178 Y など）は阻害剤（DNA 阻害剤；ハイドロキシウレア，分裂阻害剤；コルセミド）を用いて同調することが可能である．

HeLa 細胞のコロニー形成能を指標とした X 線感受性の細胞周期依存を示す（図 3-8）．感受性の変動には二相性があり，分裂期 M と G_1 後期から S 期への移行期（G_1-S 期境界）にかけて感受性が高く，G_1 初期 early G_1 および S 期後半 late S は感受性が低い．この傾向はその他の細胞株でも認められている．一方マウス空腸の腺窩細胞も腹腔内に DNA 合成阻害剤であるハイドロキシウ

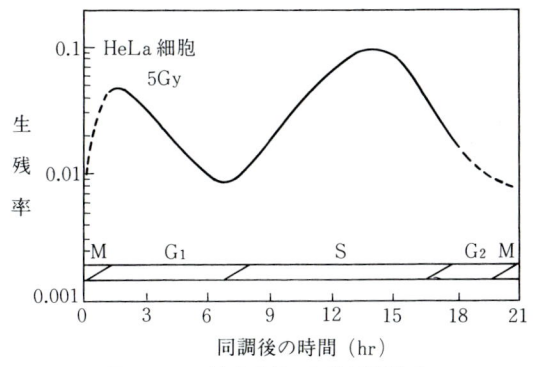

図 3-8. X線感受性の細胞周期依存
(Sinclair による)[27]

レアを注射することにより G_1-S期に同調することができる．経時的に照射して，再生する腺窩の数を目安にして放射線感受性を調べたところ，培養細胞と同様の細胞周期依存が認められている．

生残率曲線も細胞周期によって相違がみられる．パラメーター D_q（または n）および D_0 ともに周期に依存するが，とくに D_q は著しい．たとえばハムスター V 79 細胞では，感受性がもっとも高い G_2-M期細胞の D_q はゼロで完全な指数曲線であるのに対し，もっとも抵抗性のS期後半の細胞の D_q は約 5 Gy で曲線の肩が非常に大きい．

感受性の細胞周期依存は放射線の種類（または LET）によっても異なる．X線や γ 線のような低 LET 放射線では細胞周期によって感受性は数倍の差があるが，これより LET が高い速中性子では周期依存の傾向は似ているが，変動幅がより小さくなる．α 線や重粒子線（C，Ne 粒子など）のように LET が非常に高い放射線（LET $\geq$ 200 keV/μm）では周期依存はほとんどなくなる．

C. 細胞増殖への作用

コロニー形成能を指標にした放射線感受性の測定は線量-効果関係の解析には非常に威力を発揮している．しかしコロニー形成および細胞死の過程を知るには照射された細胞の増殖の様子を詳しく調べる必要がある．

1. 細胞の異常および死

細胞の死とは，形態的観察にもとづくと細胞の破壊または運動の停止ということになるが，細胞死は間期死 interphase death と増殖死 reproductive death とに区別されている．前者は放射線を照射されて死ぬまで1度も分裂を行わない場合で，後者は1回以上の分裂を行った場合である．X線またはγ線 10 Gy 以下では細胞死の大部分は増殖死であるが，50 Gy 以上では間期死が主となる．

間期死の場合，細胞は分裂能力を失うが，蛋白質などの高分子合成能力は有

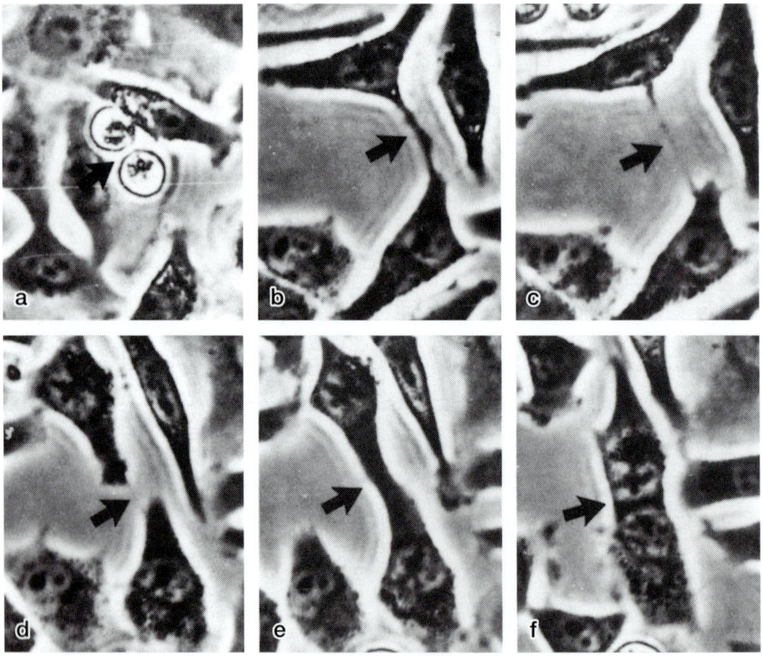

図 3-9. X線5 Gy 照射された HeLa 細胞の姉妹細胞間の細胞融合による二核細胞形成過程を示す微速度顕微鏡写真（倍率：500倍）
 (a) 分裂直後の姉妹細胞（照射9時間後）
 (b) 細胞間の細胞質橋（照射23時間後）
 (c) 15分後により細くなった細胞質橋（照射23時間15分後）
 (d) 融合直前の非常に細い細胞質橋（照射25時間45分後）
 (e) 融合直後の二核細胞（照射26時間後）
 (f) 融合後1時間の二核細胞（照射27時間後）

(Sasaki & Hayashi による)[28]

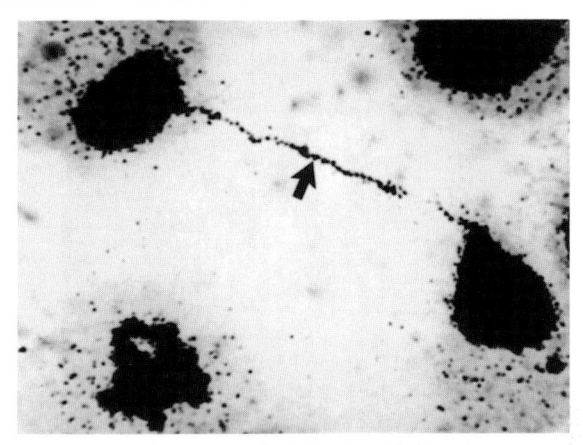

図 3-10. ³H チミジンで標識後 X 線照射（5 Gy）し，24時間後に固定した HeLa 細胞のオートラジオグラフィー像（倍率；1100 倍）.
長期間（約 5 か月）露出したため，核の上は銀粒子が多く，まっ黒であるが，細胞質橋（矢印）の上にも銀粒子が見られ，染色体橋に由来することを示す.
(Sasaki & Hayashi による)[28]

するので，細胞は倍数から 10 倍以上も大きくなった後に死ぬ．増殖死の過程はより複雑で，細胞死に先だって細胞分裂の異常が認められる場合が多い．

もっとも頻度が高いのは，不完全分裂による二核 binucleate または多核細胞 multinucleate cell の形成である．二核細胞の分裂能力は低く，たとえ分裂しても不完全分裂でさらに多核の細胞となり死んでいく場合が多く，大部分は無限増殖能を持たないと考えられる．二核細胞は放射線照射後の世代数(1〜6 世代)にわたって形成される（図 3-9, 3-10）．

そのほか頻度は二核細胞形成より低いが，分裂異常として多極分裂 multipolar division がある．これは細胞分裂において細胞が 3 個（まれに 4 個）に分かれる現象で，世代時間が延長した細胞によくみられる．中心体の複製と細胞分裂機構の不調和が原因と考えられる．多極分裂も不完全分裂であることが多い．細胞の死はこのような分裂異常の後に起こることが多いが，実際に細胞が死ぬ状態は分裂期に入るが分裂できなくて死んだり，分裂後長時間たってもつぎの分裂期に入ることができずに死ぬ．

照射された細胞集団は増殖能を有するものと，これを失った細胞からなる混

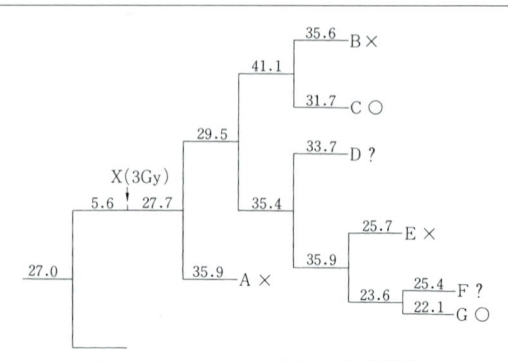

図 3-11. HeLa S 3 細胞の分裂系図
X 線 3 Gy 照射後，12 日間追跡し，66 個の細胞からなるコロニーを形成し，増殖能のあった例である．図中 A×，B×，E×はその後分裂が異常で増殖死をしたことを示し，C ○，G ○はその後正常に分裂を続けたことを示し，D ?，F ? はいずれか判定できないことを示す．図中の数字は分裂時間 (hr) を表わす．

合集団である．増殖能を有する細胞でも放射線の影響が全くないわけではなく，照射後数世代間は細胞の異常や死が子孫細胞の一部に見られる．放射線照射するとコロニーの大きさが照射しない対照に比べて，線量に依存して小さくなるが，このことは上の事実から説明できる．照射した個々の細胞の長期写真観察にもとづく細胞分裂系図を検討すると，細胞の異常や死が系図上で不均等に分布しているのが認められる (図 3-11)．このことは放射線によって細胞内に生じた損傷が細胞分裂の際に不均等に分けられることを示す．この意味で照射後の数世代は致死損傷を持たない増殖能を有する子孫細胞が出現する時期でもある．放射線照射をしない細胞集団中にも細胞の異常や死がわずか (約 2〜5％) であるがみられ，そのタイプも照射の場合と同じである．放射線はそれらの頻度を増加させるといえる．

2．分裂遅延

　放射線を照射された細胞集団から分裂期 (M 期) の細胞が 1〜2 時間後からある期間 (その長さは線量に依存する) 認められなくなる．この現象は分裂遅延 division delay とよばれている．分裂遅延は主に G_2 ブロックにより，G_2 後期あ

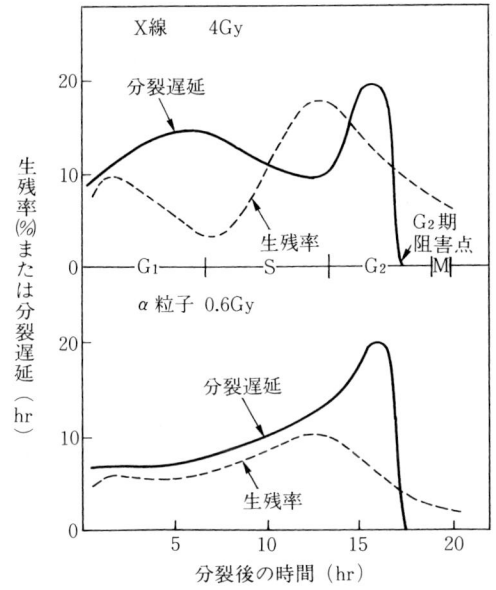

図 3-12. 分裂遅延の細胞周期依存（HeLa 細胞）

たりで細胞の周期移行を阻止する阻害点 transition point ができた状態になり，細胞はこの所で足止めされる．なお照射時すでに阻害点を通過している細胞は分裂期へ進むので，照射後 1～2 時間は集団中に分裂期細胞が観察できる．なお G_2 ブロックは X 線 0.1 Gy 程度の低線量でも起きる．一般に分裂期の細胞割合 mitotic index が照射前の値に戻るまでの時間が分裂期遅延 mitotic delay の時間でほぼ G_2 ブロックの時間に相当する．その値は約 5 Gy までは線量に比例し，単位線量のあたりでは 1～5 hr/Gy で世代時間が長いヒト由来細胞では大きな値となる傾向がある．

照射線量が大きくなると（2 Gy 以上），S 期の延長も分裂遅延の原因となる．DNA 複製は開始 initiation と延長 elongation からなるが，前者が放射線により抑制される．$G_1 \to$ S 期の移行は正常細胞では阻害されるが，癌細胞では阻害を受けない場合が多い．

分裂遅延の長さは放射時の細胞の周期に依存する（図 3-12）．生残率で表した X 線感受性は二相性の周期移動を示すが，分裂遅延も二相性の変動を示す．G_2 阻害点以後を除けば，分裂遅延と生残率の低下の間に相関が見られ，遅延が小

さい時期（G_1前期，S後期）は生存率は高く，遅延が大きい時期（G_1-S期境界，G_2中期）では生残率は低い．このことは，細胞の分裂遅延も致死も共通の初期損傷（DNA損傷）によって引き起こされていることを示唆する．

a．細胞周期とDNA損傷チェックポイント

遺伝情報を正確に娘細胞に伝えていくためには正確なDNA複製とその均等な分配が必要である．放射線などにより傷害をうけたDNAが修復されずにDNA複製や細胞分裂が進行すると，DNAの2本鎖切断や染色体欠失あるいは突然変異が娘細胞にもたらされ，細胞死や細胞の癌化を引き起こす．正確なDNA複製とその均等な分配を保証するために，細胞は損傷DNAの修復やDNA複製の完遂をモニターするチェックポイント機構を持っている．

放射線照射された細胞集団からM期の細胞が1～2時間後からある期間認められなくなる．この現象は古くから分裂遅延として知られているが，主にG_2期で細胞周期の進行が停止している．放射線によるDNA損傷が検知されG_2期でチェックポイントが働いたためである．照射時にすでにG_2チェックポイントを通過している細胞ではM期へと進むので，照射後1～2時間は集団中に分裂細胞が観察される．このようにDNA損傷が引き金となり発動されるものをDNA損傷チェックポイントとよび，現在，G_1，S，G_2期にそれぞれDNA損傷チェックポイントが存在していることが明らかになっている．

b．ヒト細胞におけるDNA損傷チェックポイント機構

多くのヒト癌細胞では癌抑制遺伝子 p53 の変異が見つかっている．このようなp53蛋白質の機能を欠いている癌細胞では放射線照射後の細胞周期の停止が見られないことから，p53蛋白質がDNA損傷チェックポイントに関わっていることがわかる．p53蛋白質は特定の塩基配列を持つDNAに結合する転写因子で，活性化されたp53蛋白質は細胞周期制御，DNA修復，細胞死（アポトーシス）に関わる遺伝子の転写を活性化する．

毛細血管拡張性運動失調症 ataxia telangiectasia：AT は運動失調とともに放射線高感受性，染色体不安定性，高発癌性を示す遺伝性疾患である．AT細胞では放射線照射直後でもDNA複製が進行し，この現象は放射線抵抗性DNA複製として知られていた．正常細胞に放射線を照射した場合はp53蛋白質の蓄積が起こり，細胞はG_1，G_2期で増殖を停止するが，AT細胞ではp53蛋白質の蓄積があまりみられず，G_1，G_2期での停止が起こらない．このことはATの原

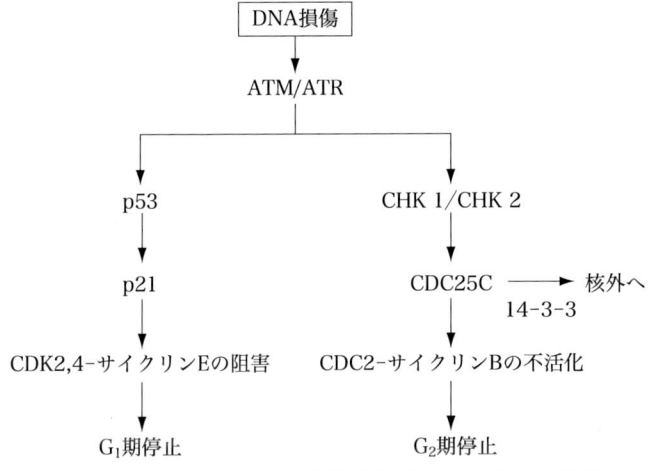

```
         DNA損傷
            ↓
         ATM/ATR
         ┌──┴──┐
         ↓     ↓
        p53   CHK1/CHK2
         ↓     ↓
        p21   CDC25C ──→ 核外へ
                    14-3-3
         ↓         ↓
  CDK2,4-サイクリンEの阻害   CDC2-サイクリンBの不活化
         ↓         ↓
       G₁期停止    G₂期停止
```

図 3-13. ヒト細胞における DNA 損傷チェックポイント機構

因遺伝子産物 ATM 蛋白質も DNA 損傷チェックポイントに関与していることを示している．ATM 蛋白質は DNA 損傷により活性化される蛋白質リン酸化酵素活性を持つ．最近の研究により，p53 蛋白質や ATM 蛋白質はヒト細胞における DNA 損傷チェックポイント機構において中心的な働きをしていることがわかってきた（図 3-13）．

DNA 損傷により ATM（あるいは ATR）が活性化され p53 や CHK2（あるいは CHK1）をリン酸化し，p53 の活性化および安定化を引き起こす．p53 は G_1 期から S 期への移行に必要な CDK2，4-サイクリン E 複合体の活性を阻害する p21 を誘導しその結果 G_1 期停止が起こる．さらに，ATM（あるいは ATR）により活性化された CHK2（あるいは CHK1）は CDC25C をリン酸化する．CDC25C は脱リン酸化酵素で，G_2 期から M 期への移行に必要な CDC2 を脱リン酸化することにより活性化する（CDC25C はリン酸化されることによりその酵素活性を失うとも報告されている）．リン酸化を受けた CDC25C は 14-3-3 により核外へと運ばれ核内に存在する CDC2 を脱リン酸化できなくなる．したがって，細胞は G_2 期に停止する．

3．増殖曲線

指数増殖をしている細胞集団に放射線照射すると増殖が抑制され，増殖曲線は線量に依存して複雑な形となるが，大別して 4 相に分けられる(図 3-14)．第 1 相は分裂遅延である．すでに述べたように分裂直前(G_2後期から分裂期)の細胞は遅延を受けないので，照射直後 1〜2 時間は細胞数の増加がわずかにあり，その後停止する．分裂遅延は主に G_2 期阻害によるので，阻害が解けると細胞は部分的に同調して分裂期に進むため，第 2 相のような経過となる．第 3 相は細胞の異常や死が起きる増殖死の時期であり，線量が小さいときは一時的な増殖速度の低下が，線量が大きい場合は細胞数の減少が起きる．第 4 相は再増殖の時期で，致死損傷を受けた細胞が死滅し，無限増殖能を有する子孫細胞 (図 3-11 参照，系図中の○印) が指数増殖を開始し，集団中で大部分を占めるようになる時期である．大線量（約 50 Gy 以上）では，すべての細胞が致死損傷を受けるので第 4 相を欠くことになる．

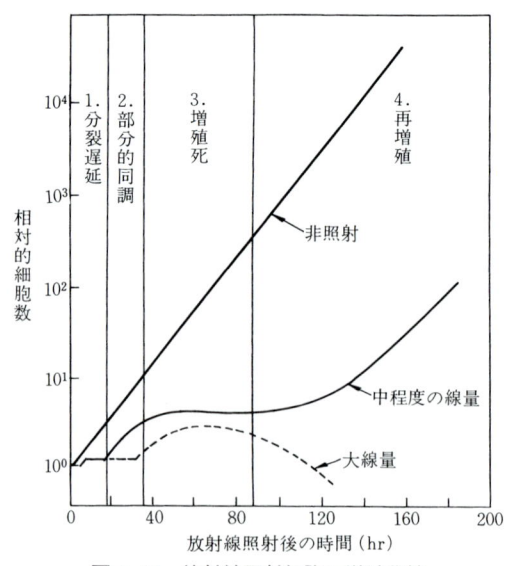

図 3-14．放射線照射細胞の増殖曲線

D．放射線損傷の回復

　放射線損傷は細胞レベルでの致死損傷として発現するが，損傷の回復も細胞内で同時に進行している．回復の分子機構はまだ解明されていないが，回復可能な損傷は亜致死損傷 sublethal damage：SLD と潜在致死損傷 potentially lethal damage：PLD とに便宜上分けられている．「回復」という用語はここでは細胞致死障害の軽減の意味で用いる．

1．亜致死損傷の回復

　放射線の線量が同じでも線量率（単位時間あたりの線量）が低かったり，また線量を分割して照射すると細胞障害は少なくなり，高線量率での1回照射（急性照射）の場合に比べて生残率が高くなる．その原因は回復可能な亜致死損傷（以後 SLD と記す）が回復するためだと解釈されている．

　図 3-15 に SLD 回復現象を最初に報告した Elkind（エルカインド）[29]らのハムスター細胞を用いた実験結果を示す（なおわかりやすいように生残率の値は少し変更している）．カーブ A は X 線 1 回急性照射の生残曲線を示す．カーブ B は 10 Gy 二分割照射（5 Gy＋5 Gy）の場合の生残曲線であり，下の横軸は 1 回目と 2 回目の照射の間のインターバルを示し，この間は細胞を 37℃に保つ．インターバルがゼロ，すなわち 10 Gy を一度に照射した時の生残率は 0.002 であるが，分割照射のインターバルが長くなるにつれて生残率は上昇し 12 時間以上では 0.01 と 5 倍になっている．なおインターバルが 20 時間以内は分裂遅延の時期であり細胞数の増加は無視できるので，生残率の上昇は細胞内での損傷の回復による．また生残率のプラトー値（0.01）は 5 Gy 1 回照射の場合（0.1）の 2 乗であり，十分インターバルが長くなると 1 回目と 2 回目の 5 Gy 照射の効果はそれぞれ独立に作用していること，またインターバルが短い場合（12 時間以内）は相互作用によりそれぞれの効果以上の致死効果（生残率：0.002～0.01）があることを示している．カーブ C は，5 Gy を初めに照射し十分インターバルを置いて種々の線量を追加照射した時の生残曲線であり，再び同じ大きさの肩が現れる．このことは 1 回目の照射の影響がなくなっていることを意味する．

　以上の結果は，放射線照射により回復不能な損傷のほかに時間をおくと回復

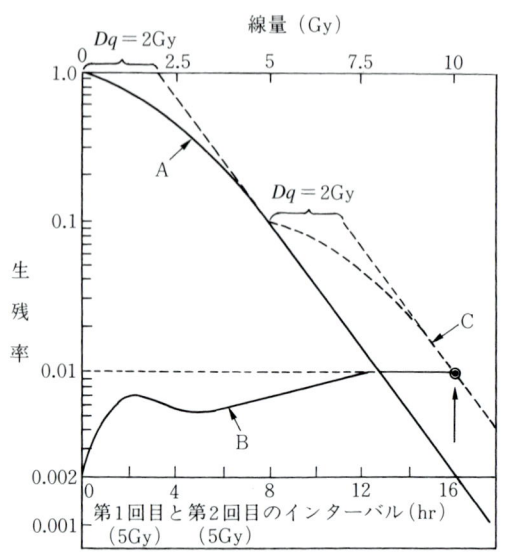

図 3-15. X線二分割照射による亜致死障害の回復
（Elkind らによる）[29]

するSLDが生じると仮定することにより説明できる．すなわち1回目の照射後まだSLDが残っている時に2回目の照射を行うと，新たに生じたSLDとの相互作用で致死損傷に変わるため生残率はインターバルが十分長い場合（1回目のSLDがなくなる）に比べて低くなる．カーブBはSLDの回復曲線に相当することになるが，回復は早く約2時間でかなりの部分が回復している．その後，生残率は少し低下するが，これはG$_2$ブロックのため感受性が高いG$_2$期に細胞が溜まっている時期に2回目の照射をしたためであり，回復が一時中断したからではない．

　LQモデルによると細胞内に生じる致死損傷の数は$E = \alpha D + \beta D^2$で表され，そのうちのβD^2はSLDの相互作用によって生じた二飛跡損傷に相当する．低線量率照射ではSLDの相互作用は起きにくく一飛跡損傷が主になり，生残曲線は片対数グラフ上で直線（$e^{-\alpha D}$）に近づく．

　癌の放射線治療においてもSLD回復は起きている．分割照射は約24時間間隔で行われることが多いし，またラジウム針による組織内照射も低線率でなされ，正常組織の障害を防ぎながら癌細胞を殺すことができる．

2. 潜在致死損傷の回復

　放射線照射（この場合は1回照射）後の細胞にある種の処理をすると、処理をしない場合と比べて生残率が上昇したり低下したりする。このように照射後の処理によって影響をうける損傷を潜在致死損傷（PLD）[30]とよび、生残率が上昇した場合はPLDが回復し、低下した場合は回復が阻害（PLDの固定化）されたとする。ただし非照射細胞を同様に処理しても致死効果がないことを前提とする。なお回復と修復はともに傷が治ることを意味する用語であるが、ここでは前者は細胞レベルの損傷（生残率の低下など）に、後者は分子レベルの損傷（DNA損傷）に適用する。

　PLD回復を促す処理として増殖抑制が有効である。細胞を増殖抑制状態にする方法としては、①密度依存の接触阻害（とくに正常細胞）、②定常期（プラトー期）培養、③古い培地または生理塩溶液での培養などがある。定常期の状態で放射線を照射し、照射後も数時間その状態に保った後に細胞を分散させて生残率を調べると、照射直後に分散させた場合に比べて高い値になる（図3-16）。正常細胞は密度が高くなると接触阻害のためにG_1期で増殖を停止するが、この状態でX線を照射した後このままの状態を保つとPLD回復が起こり生残率が上昇する。この際G_1期染色体をPCC法（M期細胞と融合させることにより未成

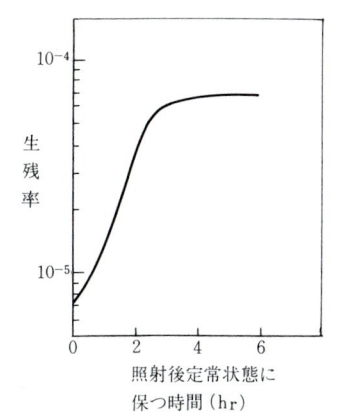

図 3-16. X線20Gy照射されたハムスター細胞のPLD回復
（Hahnらによる）[31]

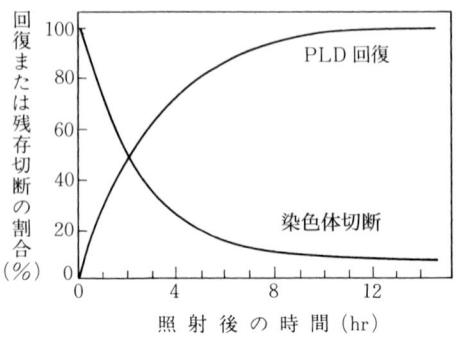

図 3-17. PLD回復に伴う染色体切断の再結合
(Conforth & Bedfordによる)[32]

熟染色体凝縮を誘導する方法）によって調べると，再結合による染色体切断の減少につれてPLD回復も起きていることが明らかにされた（図3-17）．このようなPLD回復は生体内の正常細胞および癌細胞でも起きていると思われる．

PLD回復を阻害する因子はいろいろ知られている．たとえばX線照射直後に短時間（20分）高張塩溶液で処理すると致死が著しく促進され，生残曲線の直線部分の傾斜が急になる（D_0値が小さくなる）．カフェイン処理（1 mM，24時間）も似た効果がある（図3-18）．照射後の処理開始時間を遅らせると致死促進効果はなくなる．たとえば高張塩溶液処理の場合は照射後2時間以内でのみ有効であり，処理をしない場合はこの時間内にPLDはほぼ完全に回復すると考えられる．

PLDが修復されずにM期に進み細胞分裂が起きるとPLDは致死損傷として固定化されると考えられており，増殖抑制はPLD回復のための時間稼ぎとして有効なのかもしれない．PLD回復の阻害機構は作用因子によって異なる．放射線照射によりG_2ブロックが誘発されるが，カフェインはこれを解除する働きがあるので，細胞のDNA損傷チェック機構を妨害することによりPLD回復を阻害していると考えられる．

新しい細胞致死のモデルとしてLPLモデル lethal-potentially lethal model[35]が提唱されている．それによると，照射された細胞内には修復不可能な致死損傷（LD）と修復可能な損傷（PLD）が生じ，PLDは修復阻害（固定化）によりLDに変わるが，PLD同士の相互作用による修復ミスによってもLDに

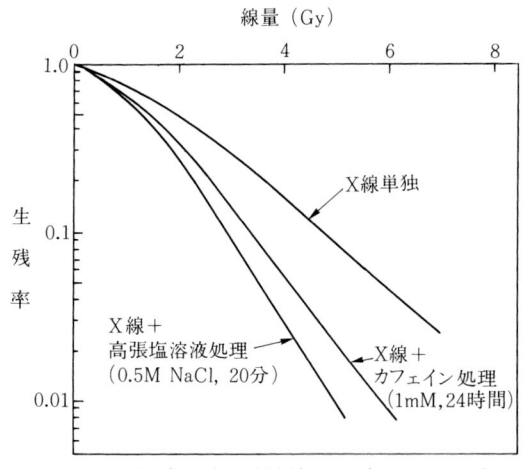

図 3-18. X線照射後高張塩溶液およびカフェイン処理によるPLDの固定（HeLa細胞）

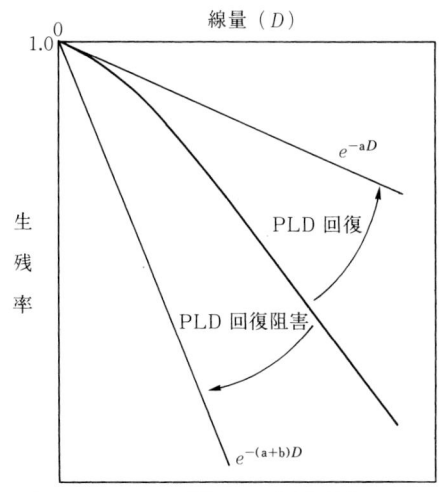

図 3-19. PLDの回復および回復阻害による生残曲線の変化

変わるとしている．後者はSLDの相互作用による致死損傷に相当し，SLDもPLDの一部であることになる．LDもPLDも線量(D)に比例して発生するが，

PLD の一部は修復されずに LD に変わる（その割合を ϕ とする）ので，細胞内の最終的な致死損傷の数は $E=aD+bD\cdot\phi$ となり，生残率は次式で表わされる．

$$N/N_0 = e^{-(a+b\phi)D}$$

線量（D）が大きくなると生じる PLD も増えるので，細胞内の限られた数の修復酵素では対応できなくなったり，また PLD の相互作用による修復ミスが起きやすくなり，LD に変わる PLD の割合（ϕ）も $0\to 1$ と大きくなる．そのためこの式にもとづく生残曲線は片対数グラフ上では曲線となる．PLD の回復が完全に阻害されすべてが LD に変わるような条件下では生残率は $e^{-(a+b)D}$ となるし，低線量率照射や増殖抑制下では PLD 回復が促進されるので e^{-aD} に近づく（図3-19）．

3．放射線と染色体異常

DNA 損傷（二重鎖切断など）のうち修復されずに残ったものや修復の誤りが染色体異常につながり，その後の細胞分裂において異常分裂や染色体の分配ミスを招き細胞の増殖死の原因になると考えられる．

DNA 損傷→染色体異常→増殖死

DNA 二重鎖切断，染色体切断，細胞死の間に相関関係があり，上の可能性を示唆している．染色体異常は染色体型 chromosome-type と染色分体型 chromatid-type に分けられる．前者は細胞が G_1 期で照射された場合に生じるタイプであり，後者は DNA 複製後（G_2 期）に照射された場合に生じるタイプである．G_1 期で放射線により染色体切断が生じ再結合せずに S 期に進むと，切断部位では DNA 複製が行われないので新たに作られた染色分体にも同一箇所に切断が生じる．これに対し，染色分体の形成が完了した S 期以降に照射した場合は染色分体のいずれか一方に切断が生じる．

放射線による染色体異常は 2 つの基本型に分けられる．第一は単純切断による欠失 deletion で，第二は少なくとも 2 カ所以上で切断を生じそれらの切断点の間で相互交換して再結合が起きる交換 exchange である．交換はそれが同一染色体か，異なる染色体間で起こるかにより，染色体内交換 intrachange と染色体間交換 interchange に分けられる．また左右対称かどうかにより，対称交換 symmetrical exchange と非対称交換 asymmetrical exchange に分けられる．

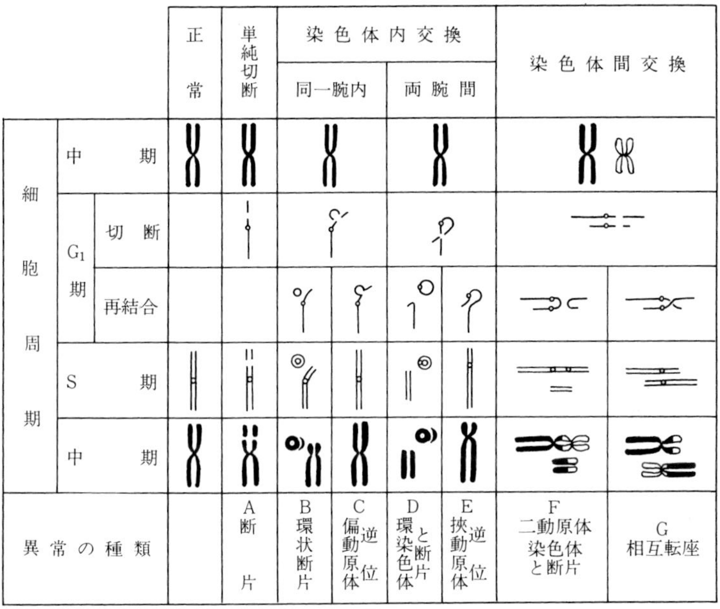

細胞周期		正常	単純切断	染色体内交換		染色体間交換	
				同一腕内	両腕間		
	中期						
	G₁期 切断						
	G₁期 再結合						
	S期						
	中期						
異常の種類			A 断片	B 環状断片	C 偏動原体	D 環染色体と断片	E 挟動原体 逆位	F 二動原体染色体と断片	G 相互転座

図 3-20. 染色体型異常の形成機構
(阿波章夫博士と朝倉書店のご好意により外村晶編「染色体異常」p.254 図10.2 より転載)

図 3-20 に染色体型異常の形成機構と異常の種類を示す．

　二動原体染色体 dicentrics は細胞分裂後期に染色体橋 anaphase bridge を作りやすい．分裂後期で染色体が両極に分かれて行く際，動原体が運動の中心となるので，2つの動原体が同じ極へ移行すれば染色体は一方の娘細胞へ分配されるが，2つの動原体がおのおのの反対極へ移行すれば動原体にはさまれた部分が染色体橋を形成する．この染色体橋を介して娘細胞同士が細胞質融合を行い，二核細胞を形成すると考えられる（図 3-9, 10 の写真参照）．環状染色体 centric rings も分裂後期にしばしば連結環を形成するため娘細胞への染色体移行の異常をきたし二動原体染色体と同様の結果となる．このような細胞分裂の異常を起こすものを不安定型染色体異常とよんでおり，細胞死を伴うので細胞集団から消失していく．

　染色体の切断端（断片）は動原体を持たないので娘細胞にうまく分配されず，

そのような細胞はゲノムの一部を失うことになるのでその後死滅すると考えられる．なお染色体断片は細胞内では微小核として観察される．最近，微小核検出法 micronucleus assay による細胞損傷の測定が考案された．放射線照射後サイトカラシン B 存在下で細胞を培養すると，この化合物は細胞質分離を阻害するので，細胞分裂を行った細胞は二核細胞として観察される．染色体断片は微小核として存在するので，二核細胞のうち微小核を余分に持つ細胞の割合は細胞の増殖死の指標となる．

一方，対称交換型染色体異常（相互転座，逆位）は安定型であり，娘細胞への分配もうまくいき細胞分裂異常も起こさないので子孫細胞へ伝えられる．しかしこのタイプの染色体異常は細胞の癌化や突然変異の原因になる可能性がある．

染色体異常の頻度（Y：細胞当たりの数）と線量（D）との関係は次式で表わされる．ただし，a, b, c は定数である．

$$Y = a + bD + cD^2$$

上式で一次の項では一飛跡，二次の項は二飛跡によって作られる染色体異常の頻度に相当する．ヒトの末梢血液のリンパ球に放射線を照射した後に分裂刺激を与え，分裂像の染色体観察から異常頻度を測定すれば，実験的に定数を求めることができる．この式を用いて染色体異常頻度から逆に被曝線量を推定することが可能であり，放射線被曝事故の際に生物学的線量計 biological dosimeter として役立つ．

E. 放射線誘発突然変異

放射線の非致死的生物作用（確率的影響）の1つに突然変異の誘発があげられる．変異遺伝子の大部分は有害であり，生殖細胞（卵，精子）に生じた場合は，その影響が子孫に伝わることになる．生殖腺への放射線被曝で生じた突然変異は，その後の生殖細胞の成熟過程において卵子および精子に，さらに受精によって次世代以降に伝えられる．

放射線によって誘発された突然変異が野生型（自然集団に多いもの）に比べて優性であれば優性突然変異 dominant mutation，劣性であれば劣性突然変異 recessive mutation とよばれる．ショウジョウバエの精子に X 線を照射した場

合に起きる突然変異の80％以上は劣性突然変異に分類される．表現型が個体の死として現れる致死突然変異 lethal mutation に分類されるものが優性，劣性合わせて30％程度を占める．そのような変異をもつ個体は胚発生の途上で流産・死産となる例が多い．最も頻度が高いのが劣性の有害突然変異 detrimental mutation で60％以上を占め，致死とはならないが生活力（生まれる子どもの数に影響など）を減少させる．このほか，色や形態などの外見上の変異を伴う可視突然変異 visible mutation が数％認められる．突然変異は DNA 塩基配列の変化によって起き，一般的な変化としては，複数の塩基の置換 substitution, 付加 addition, 欠失 deletion あるいは再配列 rearrangement である．なお，塩基置換においてプリン・ピリミジンの位置関係が保たれる場合をトランジション transition, 位置関係が逆転する場合をトランスバージョン transversion とよぶ（表3-1，図3-21）．

照射量と誘発される突然変異の頻度との間には，種々の生物種（ショウジョウバエ，ムラサキツユクサ，マウス）で直線関係が認められ，突然変異率（m）と線量（D）との関係は次式で表わされる（図3-22）．

$$m = m_0 + kD$$

この式ではm_0は自然突然変異の発生頻度であり，kは単位線量当たりの突然変異誘発率である．m_0とkの値は生物種によって大きく異なる．突然変異率を自然突然変異率の2倍に増やす線量を倍加線量 doubling dose：D_d とよぶ．上の式から，$D_d = m_0/k$ となる．マウスの場合，急性照射で約0.3 Gy，緩照射では約1 Gy という値が得られている．

表 3-1．ヒトゲノムでの突然変異の種類

突然変異の種類	突然変異の型
塩基置換	すべての型 トランジションとトランスバージョン 同義的および非同義的置換 遺伝子変換様機構（多数塩基置換）
挿入	1つあるいは数個のヌクレオチド 3塩基反復配列の伸長 その他の大規模な挿入
欠失	1つあるいは数個のヌクレオチド より大きな欠失
染色体異常	数的な変化および構造的異常

```
A -----> C
↕  ✕  ↕
G -----> T
```

‑‑‑‑: トランスバージョン
⇌ : トランジション

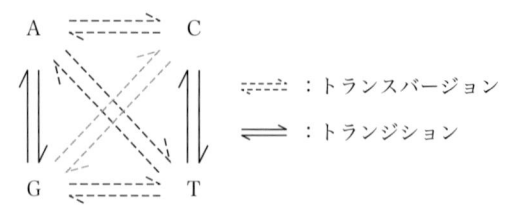

図 3-21. トランジションとトランスバージョンの関係
塩基置換は，最もよくみられる変異の1つで，以下の2つに分類できる．
トランジション transition：ピリミジン（CあるいはT）がピリミジンに，あるいはプリン（AあるいはG）がプリンに置き換わる塩基置換．
トランスバージョン transversion：ピリミジンがプリンに，あるいはプリンがピリミジンに置き換わる塩基置換．
トランスバージョンはトランジションの2倍の頻度であると理論的に予測される．

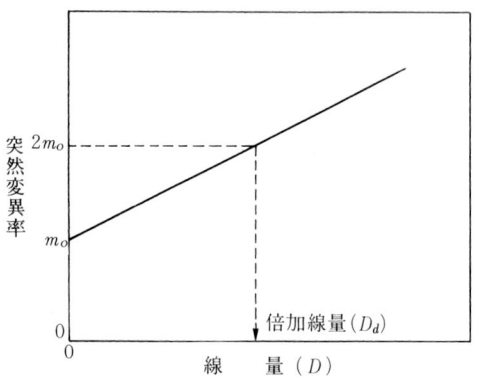

図 3-22. 放射線誘発突然変異の線量依存と倍加線量の求め方

縦軸：突然変異率（m_o, $2m_o$）
横軸：線量（D）、倍加線量（D_d）

　放射線による突然変異誘発率は線量率（単位時間当たりの線量）に依存する．初期のショウジョウバエを用いた実験からは，突然変異率は線量率に依存しないと考えられたが，マウスを用いた研究から，突然変異を引き起こす放射線損傷の一部は修復可能であり，結果として線量率の影響を受けることが示された（図 3-23）．低線量率（0.01，0.09 mGy/分）での突然変異率は高線量率の場合

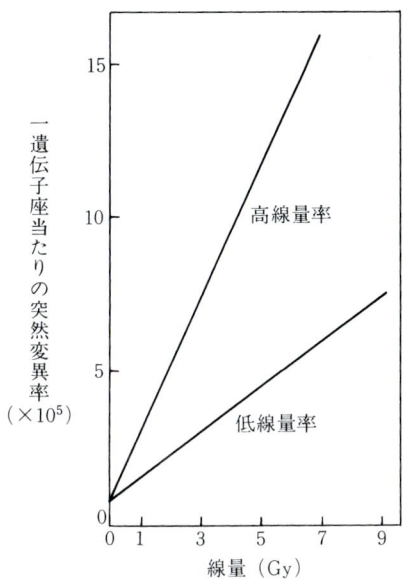

図 3-23. マウス精原細胞における突然変異誘発の線量率依存
高線量率：X 線 80〜90 cGy/分，低線量率；弱い γ 線による慢性照射
(Russell & Kelly による)[37]

の約 1/3 である．また高 LET 放射線による損傷は低 LET 放射線に比べると致死効果が大きく（RBE が大きい）また修復されにくいが，この傾向は突然変異の誘発においても認められる．

ヒトにおける放射線によって誘発される突然変異については，限られた放射線被曝例と広島・長崎での原爆被爆生存者の子供における遺伝的指標についての疫学調査を基に考察されている．これまでのヒトでの研究では，放射線によって突然変異が誘発されるという直接的な証明は得られていない．

F. 放射線発癌

放射線による発癌は確率的影響の 1 つとして分類され，放射線に被曝した本人に発生する閾値がない現象とみなされることから，微量放射線(医療，職業，

環境被曝）のヒトに対する影響として最大の関心事である．広島・長崎での原爆被爆者の疫学調査や動物実験にもとづいた発癌リスクの推定がなされている．

原爆被爆者に白血病およびその他の癌が発生することは，放射線が癌を誘発することを示している．被爆後に癌が発生するまでの潜伏期は非常に長く（2～40年以上），もっとも短いとされる白血病でも2年程かかっている．これまでの研究で，発癌はつぎの3つの段階からなるまれに起こる現象が多段階的に発生した結果であると考えられている．

開始（イニシエーション）：イニシエーターとよばれる放射線や化学物質の作用により，正常細胞の癌化の引き金となる遺伝的変化を生じる段階．

促進（プロモーション）：癌化への第一歩を踏出した細胞が仲間の数を増やす段階．

進行（プログレッション）：癌化した細胞が増殖後に悪性度の高い癌細胞へ変化する段階．

前に述べた遺伝病である色素性乾皮症（XP）のヒトでは皮膚癌が多発するが，これは紫外線によって生じたDNA上の損傷によって起きる遺伝的変化が癌化の引き金になっていることを示している．電離放射線は突然変異を誘発することから，イニシエーションとプロモーションに関与していることになる．癌化を促進する物質（プロモーター）として知られているTPA（12-O-tetradecanoyl-phorbol-13-acetate）はクロトン油から分離されたものであるが，作用として周囲の正常細胞による細胞増殖抑制の圧力に抗して癌化を開始した細胞の増殖を助けると考えられている．TPAによる増殖刺激はプロテインキナーゼC（PKC）によって細胞表面から核に伝わり，転写因子であるAP-1が活性化される．放射線損傷の刺激も，同様な系を通して伝達されAP-1が活性化されることから，放射線がプロモーションの段階でも関与している可能性がある．

正常細胞の中には細胞増殖などの機能に関与している一連の遺伝子群がある．このような遺伝子に何らかの理由で変化が生じて細胞を癌化する働きがあるものを癌遺伝子（オンコジーン oncogene）とよぶ．このようなプロトオンコジーン proto-oncogene とよばれる潜在的な癌遺伝子を活性化する変化としては，①点突然変異，②染色体転座，③遺伝子増幅などが知られている．

ヒトの膀胱癌から単離された癌遺伝子である H-ras は，正常細胞の遺伝子が1個の塩基置換を伴う点突然変異の結果，その形質が優性となったものである．正常細胞では，細胞の密度が高くなると，後述の細胞周期が $G_1 \to G_0$ 期に移行し増殖を停止し，密度が低くなると $G_0 \to G_1$ 期を経て，増殖サイクルに戻るように調節されており，ras 遺伝子産物はこの増殖制御に関与している．しかしながら，活性化した H-ras 蛋白質はこの調節機能を失っており，その結果細胞の増殖サイクルが継続するという癌細胞に特徴的な形質変化をもたらす．染色体転座によって癌遺伝子が活性化された例としては，ヒトの慢性骨髄性白血病に見られるフィラデルフィア染色体（Ph[1]染色体）が知られている．これは第9番染色体と第22番染色体の間で相互転座が起こり，それに伴いプロトオンコジーン c-abl が bcr 遺伝子と結合することにより活性化し，増殖・分化のシグナルの伝達に異常が生じて癌化の原因となっている．同じように活性化されることで発癌性を示すということが明らかにされている癌遺伝子として，細胞内の転写因子（myc，fos）や細胞膜に存在する受容体（erbB）など，増殖制御に関与するものとして知られているものが多く含まれる．

　一方，癌抑制遺伝子 tumor suppressor gene とよばれる一群の遺伝子の不活化も癌化の原因となる．網膜芽細胞腫 retinoblastoma は1～2歳の幼児に発生する眼の腫瘍で，網膜の胚芽に異常増殖の結節として現われるが，これには Rb 遺伝子が関与している．網膜芽細胞腫を引き起こす原因遺伝子は第13番染色体長腕部に存在する劣性遺伝子 rb である．この場合，対立遺伝子の片方に正常な優性遺伝子 Rb が存在する状態では異常は生じない．しかしながら，正常な遺伝子の側に染色体の欠失などが起こると，細胞周期の $G_1 \to S$ 期移行の制御が行われなくなるために細胞は癌化する．この他，$p53$ 遺伝子の産物は正常細胞ではDNA損傷のチェック機能に関与しており，DNAに損傷がある場合に細胞の増殖を G_1 期から S 期への移行の段階を阻害（G_1 ブロック）して，修復のための時間を確保している．また，DNA損傷の程度がひどい場合には，アポトーシスという細胞死を誘導することで，危険度の高い細胞を積極的に排除する過程にも重要な役割を果たしている．癌細胞では $p53$ 遺伝子が変異しているため，放射線を照射しても G_1 ブロックを起こさないものが多い．以上のことから，$p53$ 遺伝子の変異では，チェック機能の喪失によりDNA損傷の修復ができないため，あるいは損傷度がひどく多くの突然変異を抱える可能性が高い細胞を

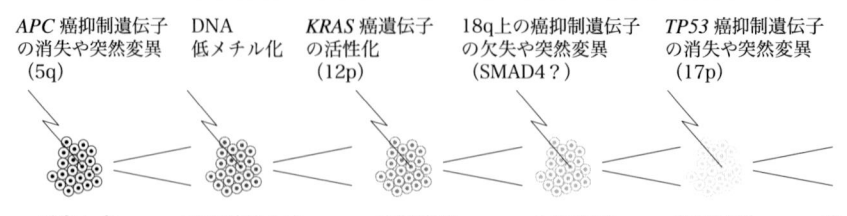

図 3-24. 大腸癌の多段階発癌モデル（Fearon と Vogelstein による）

APC 癌抑制遺伝子の消失や突然変異 (5q) → DNA 低メチル化 → KRAS 癌遺伝子の活性化 (12p) → 18q 上の癌抑制遺伝子の欠失や突然変異 (SMAD4？) → TP53 癌抑制遺伝子の消失や突然変異 (17p)

正常上皮 → 過増殖性上皮 → 早期腺腫 → 中期腺腫 → 後期腺腫 → 癌

確立されたモデルというよりも，どのようにして大腸癌が発生し，進展するかを理解するためのものである．すべての大腸癌は同じ組織学的な進展をとるが，その基礎となる遺伝子の変異を予測することはきわめてむずかしい．ここに示した流れは，癌が進展する各段階で高頻度に認められる変異を示したものである．HNPCC の腫瘍発生過程においては，初期段階は別の形で進行すると考えられる．野生型の *MSH2* または *MLH1* 対立遺伝子が消失すると細胞はミスマッチ修復能を失い，TGFβ 受容体 II 遺伝子を含む特定遺伝子がフレームシフト変異を起こすようになる．このような腫瘍では突然変異率は 100〜1,000 倍程度増加し，後期段階への進展も加速しているに違いない．Fearon and Vogelstein (1990) 参照．

(Fearon ER, Vogelstein B (1990) A genetic model for colorectal tumorigenesis. Cell, 61, 759-767.)

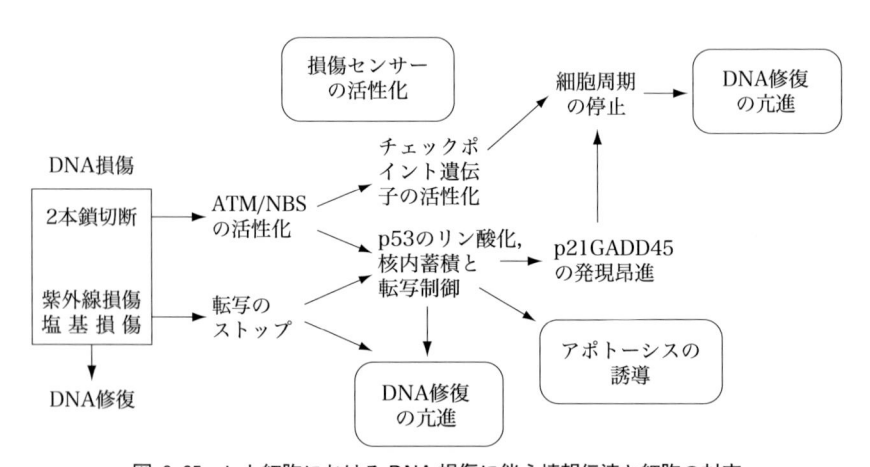

図 3-25. ヒト細胞における DNA 損傷に伴う情報伝達と細胞の対応

排除できないため，細胞が癌化するという経路が知られている．

図 3-24 に Fearon と Vogelstein によって提案された大腸癌の多段階発癌モデルを示している．この図では，癌が進展する各段階で高い頻度で認められる

変異を示している．同じ大腸癌でも HNCC の腫瘍発生においては，野生型の *MSH 2* または *MLH 1* の対立遺伝子の機能喪失に伴い引き起こされるミスマッチ修復欠損状態の下で，突然変異率が 100〜1,000 倍ほど上昇することにより，その後の段階への進展を加速していると考えられている．

電離放射線による発癌機構はまだ解明されていない．これまでに明らかにされた DNA および染色体に対する作用と癌遺伝子，癌抑制遺伝子に関する知見にもとづくと，塩基対置換や欠失などを伴う遺伝子突然変異（優性および劣性）や染色体転座のような異常を通して，癌遺伝子の活性化と癌抑制遺伝子の不活化を引き起こしている可能性が考えられている．

図 3-25 に DNA 損傷に対する細胞応答をまとめている．DNA 損傷を受けた細胞にはさまざまな応答が見られる．DNA の 2 本鎖切断は毛細血管拡張性失調症（ATM）やナイミーヘン症候群（NBS）などの原因となるセンサー遺伝子を通して，また，紫外線による DNA 損傷は転写や複製の停止をきっかけとして，p 53 蛋白質が核内に蓄積することにより細胞周期を停止させて，さまざまな修復系が効率良く働くための環境を作り出している．このような細胞内の情報伝達によってさまざまな細胞応答が誘導される結果，生体の恒常性が維持されているが，まれに対処できなかったものの中から増殖性に異常をもつ細胞が生き残り，やがて癌細胞へと変化すると考えられている．

4. 組　　織

Summary

組織にみられる放射線の影響
　感受性：組織の種類に依存する
　感受性決定因子：細胞の倍加時間，分化度
　種類：早期障害，晩期障害
　早期障害発現時期：成熟細胞の寿命と相関

組織

　全身あるいは部分的に放射線に被曝すると，被曝した部位に，機能的あるいは機質的な変化が現われる．誘発される障害の種類，程度は被曝の仕方によって異なる．ここでは，放射線治療など比較的大線量照射された際に現われる正常組織の障害について述べる．

A. 放射線感受性

　正常組織の放射線感受性を比較検討することは，次のような理由のために非常に困難である．① 生体内にあるままの状態で，放射線感受性を定量的に計測することが困難である．皮膚，消化管，精巣，骨髄細胞のように生体内の細胞で，コロニー形成能を指標として効果を評価できる組織はあるが限られている．これら以外の組織では，障害の程度を比較する共通の指標がない．② 組織に現われる反応は，照射後の経過時間とともに，質的にまた量的に変化する．また反応の種類によっては，障害が現われるまでの時間が線量に依存する．そのために反応の種類や観察時期のとり方によって，組織の感受性が逆転することがある．だから反応を観察する時期を一定に定めることも意味がなく，一定線量でみられる障害の程度を異なった臓器間で比較することが必ずしもうまくいかない．③ 組織によって現われる反応の種類がちがうので，同一の尺度で感受性を比較検討することはできない．

　組織の放射線感受性のちがいを説明するものとして，ベルゴニー・トリボンデューの法則がよく知られている．これは精巣の細胞の放射線感受性の差から

表 4-1. 哺乳動物細胞の放射線感受性

細胞の種類		特徴	例	感受性
I	分裂増殖し，成長に関与する細胞	盛んに分裂し，分化はみられない	表皮の幹細胞 腸管絨毛幹細胞 赤芽球	高い
II	分裂とともに分化する細胞 結合組織細胞	盛んに分裂し，分裂から分裂までの間に分化もする	骨髄芽球	↓
III	分裂しないが先祖返りする細胞	かなり分化し，通常は分裂しない	肝細胞	↓
IV	成人でもはや分裂しない細胞	高度に分化し，分裂しない	神経細胞 筋肉細胞	低い

導かれた法則で，幹細胞を有し，分裂増殖して，分化していく系の組織内の細胞間の放射線感受性の差をよく説明している．しかしすべての組織の放射線感受性に当てはまるわけではない．**表4-1**は，一般に認められている細胞の種類と放射線感受性を示す．組織・臓器には放射線感受性で種々の細胞が混在しており，比較的感受性の高い細胞の感受性が組織・臓器の感受性となっている．

B．障害発生機序

　放射線照射された組織に現われる障害は，2つの型に分けられる．構成細胞の死に直接的に由来する障害と，必ずしも細胞死には由来しない障害とである．

　消化管，血液，精巣，皮膚などに被曝後比較的早期にみられる障害は，構成細胞の死に直接的に由来している．これらの組織は分裂増殖している細胞（幹細胞）と成熟細胞とで構成されている．これらの組織をX線やγ線で照射すると，分裂増殖している細胞は，分裂期に入り正常に分裂できずに死滅する．しかし成熟した細胞は，放射線によって直接的には死滅せず，形態的にも機能的にも正常なままである．そしてこれらの成熟細胞が寿命で自然に消失して，しかも補いがつかないときに初めて臨床的には症状として観察される．だから線量が少なく細胞死の程度が軽度の時は，臨床的には何らの障害も観察されない．

　潜伏期は線量の大きさには無関係である．成熟細胞が自然に消失するまでの

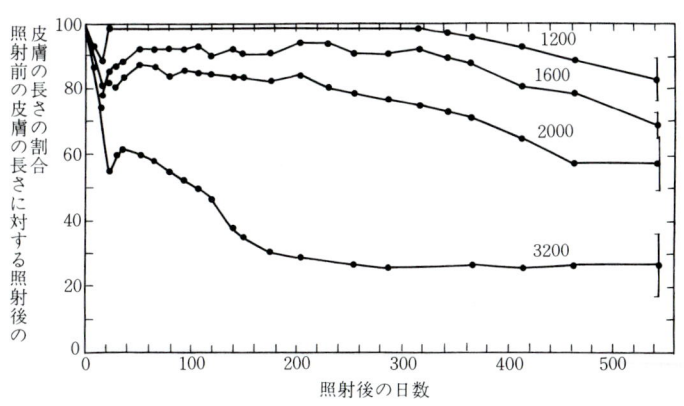

図 4-1．γ線照射されたマウスの皮膚短縮の経時的変化
図中の数字は1回照身での線量（cGy）

所要時間，つまり寿命が潜伏期になる．

　必ずしも細胞死とは関連しない障害，比較的遅れて組織に現われる障害がある．その代表的なものが各臓器にみられる線維化である．図 4-1 は，γ線照射された皮膚の短縮の経時的変化である．障害の程度が線量の大きさに依存するだけでなく，障害が現われるまでの時間も線量の大きさに依存する．このような障害の場合，照射線量に対応する組織の反応値を決める際に，いつの反応値を採用するかについては慎重でなければならない．

　このような組織では，放射線障害の経時的変化は線量の大きさに依存するので，早期障害と晩発性障害とを区別するのに，反応を観察した時期が早かったか遅かったかといっても無意味である．照射によって各臓器にひき起こされる晩発性障害の種類およびそれに必要な線量を表 4-2 に示す．

表 4-2. 臓器にひき起こされる晩発性障害
（退行性変化）（NCRP No.39）

器官	照射スケジュール	1回換算線量	障害の種類
卵巣		200	一時的不妊，月経停止
	1,500 cGy/10 日	800	永久不妊，月経停止
睾丸		50	一時的不妊(無精子症)
	1,500/10	800	永久不妊
骨髄	毎日 25～75/ 5～10	200	照射野の広さに応じた血球生成の制御
腎	2,000/30 3,000/40	800	腎炎，高血圧
胃	1,500/20 2,500/30	1,000	粘膜萎縮，無酸症
肝	3,000/30 4,000/42	1,500	肝炎
脳, 脊髄	5,000/30 6,000/42	2,200	壊死，萎縮
水晶体	2,400/30 14,000/以上	200～ 1,000	水晶体混濁
肺	4,000/30 6,000/42	2,200	肺臓炎，線維症
直腸	8,000/56	2,700	萎縮（潰瘍，狭窄）
膀胱	10,000/56	3,400	萎縮（潰瘍，拘縮）
尿管	12,000/56	4,000	萎縮（潰瘍，狭窄）

C．各組織の反応

1．中枢神経系

　比較的大線量照射されると，中枢神経系には病理組織学的に炎症所見がみられる．髄膜，脈絡膜や脳実質には，血管周囲をはじめとして細胞浸潤がみられる．この組織像の程度は線量に依存し，また被曝後の時間とともに変化する．
　血管自体も障害され，出血斑，内皮細胞の空胞形成がみられ，血管の透過性は上昇する．
　比較的少線量を照射されると，神経細胞それ自身に直接的には障害が生じない．しかし栄養血管が障害され，栄養補給が絶たれるので，二次的に障害され，支配領域に欠損症状が生じる．分割照射し，照射回数を増すと，一定の障害をもたらすのに必要な線量は次第に増加する．

2．腸　管

　比較的大線量照射されると被曝後数日して，病理学的には腸管の粘膜上皮細胞の破壊，消失がみられる．その結果，体液は流失し，電解質のバランスがこわれ，腸内細菌の感染をまねき，蛋白質は漏出し，栄養分の吸収ができなくなり個体は死亡する．
　幹細胞の生存率は，被曝線量の大きさに依存するが，絨毛上皮細胞の移行する速度，つまり寿命は影響されない．そのため被曝から死亡までの日数は，被曝線量の大きさにかかわらずほぼ一定となる．
　消化管の中では，十二指腸がもっとも感受性が高い．
　晩発性には，線量の大きさによって腸管壁に線維化が起こる．狭窄をきたし腸閉塞になることもある．

3．造血臓器

　骨髄は通常骨髄細胞で満たされ，わずかの脂肪細胞，血管，末梢血成分とで成り立っている．比較的大線量を一度にあびると急性障害がみられる．500 cGy程度被曝すると，細胞成分は減少し，末梢血成分や脂肪様物質とおきかわり，

さらには細胞性実質組織とおきかわる．1,000 cGy 程度の被曝では，血管の破壊や骨髄細胞の破壊が著しく，末梢血成分が非常に多くみられるようになる．致死線量を被曝すると，骨髄細胞はまったくみられなくなり，末梢血成分でみたされる．

リンパ球は放射線感受性が高く，比較的少線量でも減少するが，生死にはあまり影響しない．ラットでは，25 cGy でもリンパ球数の減少が観察される．細胞数の減少や回復はともに線量の大きさに依存する．

骨髄にみられる晩発性障害は，造血機能の荒廃による再生不良性貧血あるいは悪性腫瘍，ことに白血病の誘発である．

4．皮　膚

全身にひろがり，悪性腫瘍の外照射に際して必ず照射されるので，その障害は臨床上非常に重要である．

被曝後，間もなくみられるもっとも重要な反応は皮膚炎である．ヒスタミン様物質の放出により毛細血管は拡張し，紅斑が数時間から数日以内に現われる．線量の大きさによって次第に症状はすすむ．

晩発性障害としては，発癌，ことに扁平上皮癌が，そして皮下組織には線維化を生じ，皮膚の短縮，弾力性の消失，あるいは硬結がみられる．

5．粘　膜

口腔，咽頭領域を照射すると，比較的早期には粘膜炎が生じる．皮膚炎よりも早くからみられる．自発痛，えん下困難，えん下時痛を訴える．粘膜は乾燥し，刺激の強い食物はとれず，味覚異常をきたし食欲は低下する．線量がすすむと，粘膜は偽膜でおおわれ，潰瘍を形成する．

咽頭部粘膜には晩発性障害として癌が誘発されうる．

6．心臓と血管

心臓の栄養に関与する血管，ことに毛細血管の障害から二次的に障害が生じるので，それほど抵抗性がない．

大血管の重大な放射線障害は，破れて出血することである．組織学的には血管内皮細胞の変性，壊死，分裂，さらには多数の血栓がみられる．急性期がす

ぎると，線維化が起こり血管は硬化する．血管の中では，大血管よりも小血管あるいは毛細血管の方が感受性が高い．

7．肺

比較的少線量で肺炎，肺線維症を招くので重要である．まず被曝後，毛細血管と肺胞内に変化が生じる．肺胞内はフィブリンに富んだ浸出液で満たされる．肺胞壁は肥厚する．肺胞壁の線維化の結果，換気能力は低下する．

8．腎

比較的放射線感受性の高い臓器の1つで，照射により，急性，慢性腎炎を起こす．高血圧症を招く．

9．生殖腺

生体の中で，もっとも放射線感受性が高い臓器の1つである．

精巣は500〜600 cGy で不妊をきたす．細胞死を指標すると，精巣の中では精祖細胞がもっとも感受性は高く，精子細胞や精子はもっとも抵抗性である．

卵巣は照射によって生殖細胞が死滅するだけでなく，性ホルモン産生細胞も破壊される．ヒトで一時的不妊をきたす閾値は 0.15 Sv である．永久不妊に関する閾値は，1回照射で 3.55 Sv と推定されている．卵巣での永久不妊の閾値は 0.5〜6.0 Sv であり，分割照射すると 6.0 Sv と推定されている．

5. ヒトおよび動物個体に対する放射線の影響

Summary

1. 障害は物理的線量にLETを加味した線量で評価する．
2. 個体にみられる障害が誘発されるまでの期間，種類，頻度はともに線量に依存する．
3. 子宮内被曝の場合，みられる障害の頻度は線量に依存し，種類は週齢に依存する．
4. 遺伝的障害に関するヒトのデータはないが，動物実験のデータ，ヒトと動物とでDNAなどの感受性に差があるとは考えにくいなどのことから，ヒトにも遺伝的障害はみられると理解されている．
5. 体内に取り込まれた放射性同位元素による影響を考える場合には，線量の他に体内分布，排泄速度をも考慮する．

放射線の生体に対する作用として，2つのことが考えられる．1つは放射線照射された食品を介してみられるかもしれない作用であり，もう1つは直接作用である．前者には誘導放射性物質の生成，毒性物質あるいは発癌性物質の生成，そして栄養素の破壊などが考えられる．今日までのところ，誘導放射能の生成，毒性物質あるいは変異原性物質の生成は，食品照射に用いる線量域では認められていない．この章では，放射線被曝による直接的障害について述べる．

A. 序

放射線には，① 物質透過能力がある，② 検出されやすく，粒子1個でも検出される，③ 写真作用がある，④ 放射線化学作用がある，⑤ 細胞致死作用があるなどの特徴がある．そのため放射線は，医学の分野では，① 放射線診断や，② 悪性腫瘍の放射線治療のために，工学の分野では，① 放射性同位元素をトレーサーとして，あるいは，② 非破壊検査や，③ 化学工業のために，農学の分野では，① 食品などの滅菌や，② 野菜の発芽防止，あるいは③ 品種改良のためなど，広範囲に用いられている．将来はますます広い分野でさまざまな用途のために用いられるであろう．

ところで放射線は双刃の剣で，このように人間社会に利益をもたらすが，それと同時に放射線障害の誘発という不利益をもたらす．近年，自然放射線による被曝線量が大きい地域では死亡率が低く，低線量被曝により利益を得られるとの報告もあるが，再検討の結果は否定的であり，今日は利益をもたらすような放射線の有無について議論のあるところである．そこで放射線の利用にあたっては，障害の生じ方を熟知した上で，障害の発生頻度をより少なくしながら，放射線を利用していかなければならない．

放射線障害は，被曝したヒトはもちろん，被曝したヒトの子孫（被曝したとき妊娠している場合を含めて）にも現われる．障害の種類や程度は，全身が被曝したのか身体の一部分が被曝したのかによって，あるいは線量率，総線量の大きさによってさまざまである．だから，ヒトにみられる放射線障害について考えるときは，どんな原因で被曝したのかをまずはっきりとさせることが大切である．

今日われわれが経験する放射線被曝の機会は3つに大別される．

① 医療行為に伴う患者の被曝：医療行為に悪性腫瘍などの放射線治療とX線などを用いた放射線診断のための検査とがある．放射線治療では，全身が一様に被曝することは少ないが，比較的高線量率で照射される．また被曝する局所の線量は比較的大きく，数千 cGy にも達する．ところが検査でのヒトの被曝線量は比較的少なく，多くても 1～2 cGy である．

② 放射線作業従事者などの職業上での被曝：放射線作業従事者などにみられる被曝は主として全身である．被曝は通常長期間にわたり，線量率は低く，線量も比較的少ない．ことに近年，国際的に放射線の安全取り扱いが強く叫ばれるようになってからは，放射線作業従事者の被曝線量は減少の一途をたどっている．年間集積線量でも通常は 1 cGy 以下であり，多くても線量限度を超えることはない．

③ 事故などによる被曝：事故などによる被曝では，事例によって被曝のしかた，線量の大きさがさまざまである．

ここでは主として，比較的少線量を長期間にわたり被曝することによってみられる生体の障害について述べる．これはX線検査などでの患者の被曝，あるいは放射線作業従事者などの被曝によって，みられるかもしれない障害である．しかし，事故などによる一般人を含めたヒトの被曝も，あとを絶たず無視できない．事故の際にみられる被曝では，1回だが多くの場合，全身に短時間に少なくない線量を被曝することがある．だから全身に比較的長期にわたり少線量を被曝したときにみられるヒトの障害だけでなく，比較的短期間に被曝したときの障害についてもこの章で述べる．

以下に述べる事項のうち，被曝した個体にみられる障害については，① 広島や長崎での，あるいは実験中の事故に伴う原爆被爆者，② 一般的な事故などでの被曝者，③ 放射線診療を受けた患者，あるいは，④ 実験哺乳動物からえられたデータにもとづいている．しかし，被曝したヒトの子孫にみられる障害については，ヒトに関するデータが不十分なので，主として実験哺乳動物あるいは昆虫を用いてのデータによっている．これらの実験動物からえられたデータが，ヒトについてもあてはまるという積極的な根拠はないが，否定する根拠もないので採用した．ただ，実験でえられたデータをヒトに適用させる際には，十分注意する必要があるだろう．

B．線量評価

1．R, rad, Gy

　被曝した生体の反応の種類，程度は放射線量に依存する．線量の単位には，照射線量と吸収線量とがある．照射線量のSI単位はC（クーロン）/kgである．従来は，標準状態（0℃，760 mmHg）での乾燥した空気 1 ml 当たり 1 静電単位（esu）の電荷を生む放射線量として，R（レントゲン）が用いられていた．SI単位との関係は，

$$1\,\text{C/kg} = 3.876 \times 10^3\,\text{R}$$

である．この章では照射線量の単位としてRを用いる．

　吸収線量のSI単位はJ（ジュール）/kgであり，これに対する名称はGy（グレイ）（1 Gy=1 J/kg）である．従来は，100 erg/gのエネルギー吸収に相当する吸収線量の単位としてrad（ラド）が用いられていた．1 Gy は 100 rad に相当する．この章では，吸収線量の単位としてはcGyを用いる．

　昆虫や細菌などの反応を検討するときは，吸収線量の測定が困難なので通常は主として照射線量を用いている．哺乳動物の線量評価には，多くの場合，吸収線量を用いる．比較的大きな動物では，体内の線量分布が均一でないことが多いが，その際はとくにことわりのない限り，体中心での線量をもってその個体の被曝線量とする．

2．RBE, Sv と rem

　生体の放射線に対する反応は，線量だけでなく放射線の線質にも影響される．それで，① 複数の放射線に被曝したとき，その障害を評価するためには，線質の異なる放射線の線量を加算しなければならないが，その際に，あるいは，② ある放射線を用いてえられたデータから，他の放射線による反応量を推定しようとするときに，cGyやRとはちがった線量概念が必要になる．

　複数の種類の放射線に被曝したとき，線量を加算するための線量単位としてはSv（シーベルト）を用いる．従来はrem（レム）を用いていた．1 Sv は 100 rem に相当する．Svとは生物学的効果を加味した線量であって，Svあるいは

rem であらわされた線量は，吸収線量に適当な RBE 値を乗じたものである．

RBE：relative biological effectiveness（相対的生物学的効果比）とは，ある特定の生物系の，ある特定の生物学的影響に関して，水中で1ミクロン当たり100イオン対の平均比電離の（あるいは，3.5 keV の線エネルギー付与をもつ）X 線の生物学的効果に対する，ある問題とする放射線の生物学的効果の比の値である．実際には X 線線量を基準とした，同じ生物学的効果を生じさせる線量の比の逆数として求める．

ところでヒトのような比較的大きな生体が被曝した場合，放射線の種類によって体内線量分布にちがいがあり，その線量分布のちがいが，障害の種類によっては，障害のあらわれ方や程度に影響を及ぼす．そのため RBE 値は，厳密な意味では放射線防護の立場からは用いられず，放射線生物学に限って用いられる．

3．カーマ

線量単位の1つで，単位は J/kg，Gy で表わされる．これは任意の組織の微小単位体積から自由になって放出される全荷電粒子の初期運動エネルギーの総和であり，物質との相互作用で直接的にはイオン化させることができない，X，γ あるいは中性子線のような非荷電粒子放射線に用いられる．これらの放射線では，2つの段階を経てエネルギーが物質に吸収される．第一段階では，物質と反応して，直接的にイオン化させる働きのある放射線（荷電粒子）と，二次的に，間接的にイオン化させる放射線(X，γ あるいは中性子線)とができる．第二段階では，生じた荷電粒子が物質にエネルギーを付与する．ところで，第一段階の非荷電放射線から荷電粒子へのエネルギー転換は，第二段階の荷電粒子から物質へのエネルギー転換とは別のところで行われるので，エネルギー付与に関する第一段階と第二段階とは区別して取り扱う必要がある．吸収線量はこのうち第二段階の結果を示している．それに対してカーマは，第一段階で生じた結果を示している．

任意の放射線から生じ，ある微小体積に入っていく荷電粒子と出ていく荷電粒子とがほぼ平衡に達しているときは，カーマと吸収線量とはほぼ同じ値である．図 5-1 はカーマと吸収線量との関係を示している．

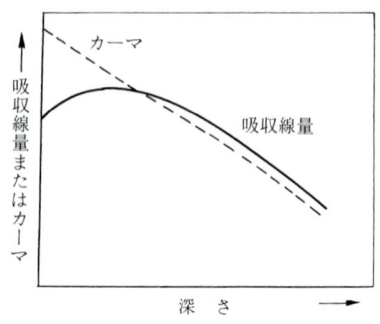

図 5-1. カーマおよび吸収線量で表
わした深部線量率曲線

C. 被曝した個体にみられる障害

　被曝によって生体内のすべての臓器は，一時的にしろ永続的にしろ放射線の影響をうける．比較的大線量を短時間にあびると，被曝した個体の臓器には，被曝後間もなく障害が現われる．これを急性放射線障害という．被曝線量が比較的少なく，早期の放射線障害に耐ええた場合は，あるいは早期には放射線障害がみられないくらい被曝線量が少ない場合は，その後 数か月はまったく何らの障害も新しく検出されることはない．しかし十分な時間が経過すると，悪性腫瘍や白内障の発生などをみる．これらを晩発性放射線障害という．

　被曝した個体にみられる障害としては，これら器質的変化の他に，諸器官の機能失調，習性の変化が知られている．しかしこれらについては資料がまだ不十分なので，ここでは取り扱わない．

1. 急性放射線障害

　早期にみられる重要な放射線障害には，被曝した個体の死と，末梢血球数の減少など組織の反応とがある．障害の現われ方は，放射線の種類，線量，被曝のしかたによって変わる．ここでは主として，X線や γ 線による1回被曝での障害について述べる．

　一般的には線量が大きいほど，重篤な障害が高頻度に現われる．被曝線量が少なくなると障害の頻度が低下し，ついには早期の放射線障害はまったくみられ

れなくなる．この障害がみられなくなる線量を閾値という．早期の放射線障害に関しては，すべて閾値がある．

a．個体死

比較的大線量を短時間に全身に被曝すると，被曝した個体は死亡する．図5-2は，被曝線量と死亡までの時間との関係を示している．2,000 cGy以上を全身あるいは頭部に被曝したときは，線量が大きいほど早く死亡する．線量と生存時間との関係は，

$$\log（平均生存時間，時間）= a - b \cdot 線量$$

で表わされる．ただしa，bは定数である．

少し線量域が下がり，1,000〜10,000 cGyを全身に被曝し，脳死を起こさなかった個体では，いずれ死亡するが，死亡までの時間は，被曝線量の大きさに影響されずにほぼ一定となる．

さらに線量域が下がり，数百cGy被曝した場合，早期には死亡をまぬがれうるものも現われてくる．早期に死亡するものをみると，死亡までの日数は被曝線量の大きさに依存して，被曝線量が大きいほど生存時間は短くなる．

図5-2に示した被曝線量と生存日数との関係は，動物の種類によって閾値の線量域などが少しずつ異なるが，傾向はかわらない．表5-1は，一度に比較的大線量被曝した時にみられる，人のおもな早期放射線障害の要約の一覧表であ

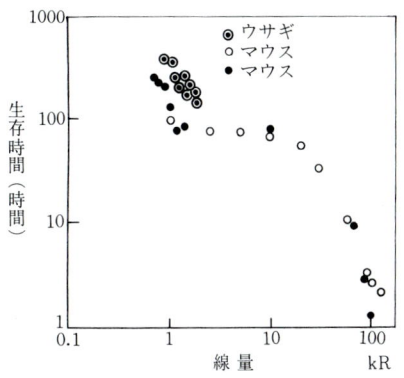

図 5-2. 全身に比較的高線量率のX（γ）線被曝した時の被曝線量と死亡までの時間との関係[41〜43]

表 5-1. 高線量率1回照射された人にみられる急性症状

	脳神経系	胃腸系	血液系
症状を招く原因となる臓器	中枢神経	小腸	骨髄
閾値 cGy	2,000	500	100
症状があらわれるまでの期間	1/2〜3時間	3〜5日	3週間
症　状	昏睡, けいれん 運動失調	下痢, 発熱 電解質の異常	白血球数減少, 血小板数減少, 感染
病理組織学的所見	中枢神経系の細胞浸潤 中枢神経系の浮腫	胃腸粘膜上皮細胞の脱落	骨髄の萎縮
もし死亡するとすれば死亡までの時間	2日以内	2週間以内	2か月以内
死　因	呼吸停止	循環虚脱	出血, 感染
予　後	悪い	あまりよくない	よい

る．詳細については以下に述べる．

1) 脳死

2,000 cGy以上の線量を全身に，あるいは頭部に1回で被曝すると，数時間以内に脳神経症状を呈して死亡するので，これを脳死とよぶ．他の臓器には一見何らの障害も起こらないかのごとくに見える．それは胃腸や骨髄も障害をうけるが，これらの臓器に障害が現われる前に，被曝した個体に脳神経系の障害がみられるからである．

被曝後の平均生存時間は，1日前後であり，線量が大きくなるほど短くなる．

一般的には，脳死をきたすほどの線量を被曝すると，臨床的にはまず不安，興奮，感情鈍麻があらわれ，ついで見当識，平衡感覚が障害され，運動失調症，下痢，悪心，嘔吐，反弓緊張，けいれん，疲憊，昏睡をきたして，死に至る．サルなどの実験では，照射中にすでにこのような症状が現われる．

2) 腸管死

少し被曝線量域が下がると，臨床的には数時間以内に胃腸症状が現われる．その後数日間軽快するが，再度悪化してネズミの場合は4〜6日目に死亡する．臨床的には下痢，感染症状を主体とし，脱水や栄養失調を伴う．腹部あるいは消化管のみにこの程度の線量を曝びても，同様の症状で死亡する．これを腸管死という．

3）造血臓器死

被曝によって，白血球は減少して感染症をきたす．血小板数は減少して，出血傾向が現われる．骨髄の幹細胞の障害と出血とが重なり，末梢の赤血球数は減少し貧血を起こす．必ずしも全身被曝でなくても造血臓器が強く障害されると，同様の症状で死亡する．これを造血臓器死という．

造血臓器の細胞数はふたたび増加してくるが，増加し始めるまでの日数は照射線量が少ないほど早い．

4）LD_{50}

被曝した個体の放射線に対する感受性を示す指標の1つとして，半数致死線量，LD_{50}（50% lethal dose）が用いられている．これは50%の個体を致死させるのに必要な線量である．とくに指定のない限り被曝後30日以内の死亡を意味し，$LD_{50/30}$あるいは$^{30}LD_{50}$として表わす．腸管死あるいは脳死に関する感受性をあらわすためには，実験動物によって被曝後8日目あるいは4日目での致死率を求めて，それぞれ$LD_{50/8}$，$LD_{50/4}$として表わす．

LD_{50}値は動物の種類によってさまざまである．同じ動物でも報告者によってLD_{50}値にちがいがある．この差のおもな原因は飼育条件などのちがいである．一般に，小さい哺乳動物の方が，大きい哺乳動物よりもLD_{50}値が大きくなる傾向にある．人の$LD_{50/30}$値は，マーシャル群島での被爆者のデータから推計すると，400 cGy前後である．しかし比較的大きな動物のLD_{50}値をヒトにも適用できるとすれば，約250 cGyというべきかもしれない．

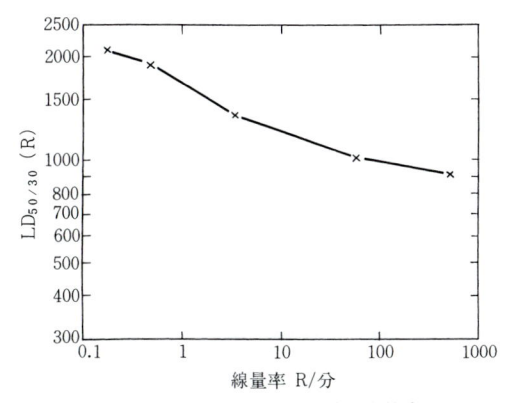

図 5-3．ラットの$LD_{50/30}$値の線量率依存性[45]

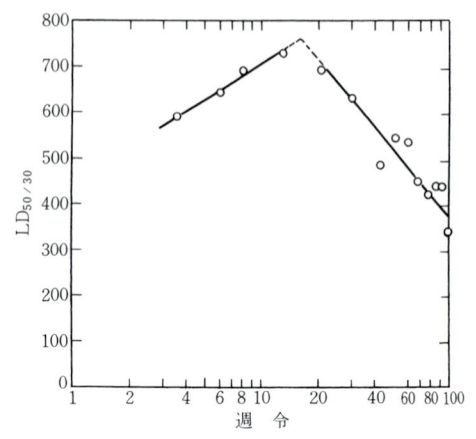

図 5-4. マウスの年齢と $LD_{50/30}$ 値（cGy）との関係[46]

5）線量効果関係修飾因子

哺乳動物の放射線に対する反応は，動物の種類だけでなく，放射線線質，放射線線量率，あるいは動物の年齢などによって修飾される．

　a）放射線線質：放射線の生物作用は，放射線の LET が大きくなるにつれて，吸収線量が同じでも強くなる．マウスやラットの $LD_{50/30}$ 値でみた速中性子線の RBE は，1～2 であり，イヌでは 1 である．

　b）線量率：LD_{50} 値は，放射線線量率に依存する．図 5-3 では，放射線線量率と LD_{50} 値との関係を示している．線量率が上るにつれて LD_{50} 値は低下している．

　c）年齢：LD_{50} 値は，動物の年齢に依存する．図 5-4 は，ネズミの年齢と LD_{50} 値との関係を示している．生後年齢がすすむにつれて放射線に抵抗性となり，LD_{50} 値は次第に大きくなる．図に示された実験では，年齢 4 カ月で最高になり，さらに年齢がすすむと放射線抵抗性は失われ，LD_{50} 値は小さくなってくる．

6）急性 1 回大線量被曝時の予後

　事故などで被曝した場合は，被曝線量が測られていないことが多い．被曝線量が測定されていない場合は，早期にみられる症状から予後を推定しなければならない．

悪心や嘔吐のないときは，被曝線量は比較的少ないといえる．悪心，嘔吐があるときは，症状が早く現われかつ程度が著しいほど，被曝線量は多かったといえる．ただちに入院し，加療の必要がある．

紅斑は皮膚線量が大きいことを意味しているが，それは必ずしも脳，胃腸，あるいは骨髄の大線量被曝を意味するものではない．主としてγ線に被曝した時で，紅斑が生じたのでない限り，あまり重要な意味をもたない．

末梢血球数や骨髄像は，被曝線量の推定に役立つ．リンパ球は放射線感受性が高いので，リンパ球数の変動は，全身に一様に被曝したときの被曝線量の推定にもっとも役立つ．通常リンパ球数は，被曝してから24～48時間以内に減少する．48時間目に測って1,200程度まで落ちたときは，かなりの線量を被曝しているといえる．300～1,200のときは，致命的な線量を被曝しているといえる．300以下に低下したときは，非常に大線量を被曝しているといえる．

これら諸々の指標の中で，現在予後判定にはリンパ球数の減少がもっともよい指標とされている．

b．死以外の早期の身体的影響

全身をほぼ一様に被曝したが，早期には死亡しなかった個体には，線量の程度に応じた種々の身体的影響がみられる．生じやすく，また臨床的に検出されやすい障害は，末梢血球数の減少と放射線宿酔である．末梢血球数の減少の期間，程度は線量の大きさに依存する．末梢血の中でも白血球，血小板，赤血球の順に減少しやすい．白血球の中では，リンパ球がもっとも放射線の影響を受けやすい．50 cGy 1回被曝でも，末梢血中のリンパ球数は減少する．25 cGy以下になると，早期には何らの身体的影響も検出されない．

2．晩発性放射線障害

被曝した個体に，被曝後数年以上経過して現われる障害を晩発性障害という．おもな晩発性障害には，① 白血病を含む悪性腫瘍の誘発，② 寿命短縮，③ 組織の局所的障害があげられる．放射線に誘発される晩発性障害は，他の原因によってもひき起こされうるので，その障害と通常区別できない．

a．悪性腫瘍の発生

放射線に被曝すると，被曝した正常組織に悪性腫瘍が誘発される．

被曝による誘発率を求めるためには，観察期間が十分に長くなければならな

表 5-2. 放射線被曝後の発癌するまでの期間

部　位	年
甲　状　腺	20.3
膀　　　胱	20.7
乳　　　腺	22.6
頭　頸　部	22.8〜24.1
咽　頭　部	23.4〜25.0
喉　頭　部	23.4〜27.3
皮　　　膚	24.5
〃　（基底細胞）	41.5

い．広島，長崎の原爆被爆生存者にみられた白血病発生の潜伏期は数年である．被爆後15年以上経過すると年々低下し，被爆後25年には対照群の値にまで下っているので，それ以降は放射線による白血病は発生しないだろうと推定できる．軟部組織由来の肉腫や骨肉腫の潜伏期は，それぞれ11，12年と短い(表5-2)．

　一般的には悪性腫瘍の発生に関する潜伏期は長いので，被曝後比較的早い時期に誘発率を算定すると，放射線による発癌率を過少評価する可能性がある．

　放射線による悪性腫瘍誘発率は，組織の種類によってさまざまである．また動物の種類，系統，性別，年齢によっても影響されるので，動物実験のデータからヒトにおける悪性腫瘍誘発率を演繹することは不可能である．

　ヒトにおいては放射線誘発悪性腫瘍の約1/3は，白血病である．甲状腺癌も約1/3をしめる．残りの1/3を他のすべての悪性腫瘍がしめる．

　放射線による悪性腫瘍のヒトにおける誘発率は，今日までに得られているヒトに関するデータにもとづいて推定されているが，この推定値には2つの点からみて誤差が含まれている．その1つは，悪性腫瘍の誘発が単に放射線によるだけでなく，他の諸々の不明の原因によっても生じるということに関係している．

　第二は，得られているデータの大部分は，100 cGy以上の大線量の低LET放射線に比較的高線量率で被曝したときにみられた値である，ということである．日常生活上の放射線防護の立場からは，比較的少線量を低線量率で被曝した際の危険率の推定値が必要である．数cGyでの，また低線量率での単位線量当たりの悪性腫瘍誘発率は，大線量，高線量率での値よりも低いと思われるふしが

ある．しかし，今日の単位線量当たりの放射線誘発悪性腫瘍の危険率の推定は，比較的大線量の時の誘発率と少線量の時の誘発率とは同じであるとの仮定にもとづいている．これらの理由のために，計算された放射線誘発悪性腫瘍の危険率はリスクを過大評価している可能性がある．

1）白血病

放射線に誘発される悪性腫瘍の中では，白血病がもっともよくわかっている．

a）潜伏期：広島や長崎での原爆被爆生存者に，白血病の発生が観察された．被爆後2～3年して発生し始め，7～8年で発生頻度は頂点に達し，20～25年で発生頻度は対照群とほぼ同じになった．

b）誘発率：原爆被爆生存者，X線治療を受けた強直性脊椎炎患者，あるいは胎内にあるときに診断のために照射を受けた子供たちなどの資料を用いて，現在，放射線による白血病誘発率の定量的推定値が不正確ながらえられている．白血病による致死リスクを求めると，長崎では $36 \times 10^{-6} cGy^{-1}$ であり，広島では $60.2 \times 10^{-6} cGy^{-1}$ である．この値の差は，中性子線のRBEが1以上であることと，広島での原爆には中性子が多数含まれていたことによると考えられる．

出血性子宮症で放射線治療を受けた患者の場合，被曝線量の推定値は比較的正確である．平均被曝線量は134 cGyであり，19年間での白血病による死亡率は $17 \times 10^{-6} cGy^{-1}$ である．

強直性脊椎炎の患者で照射を受けた群から，20年間の白血病誘発リスクを求めると $11.4 \times 10^{-6} cGy^{-1}$ である．

c）誘発率修飾因子：年齢　原爆被爆生存者にみられた白血病誘発率のデータによると，誘発率は被曝時の年齢に依存し，0～10歳ならびに50歳以上のグループでの誘発率は他の年齢群に比較して高い．超過死亡率は，それぞれ $3.2 \times 10^{-6} cGy^{-1} y^{-1}$ と $3.4 \times 10^{-6} cGy^{-1} y^{-1}$ であり，これらの値は，誘発率が最低の年齢群，10～20歳台の誘発率の約3倍である．

図5-5は，マウスにおける白血病誘発の年齢依存性を示す．他の系においても類似の結果が得られている．

性別　性別による誘発率の差は観察されていない．

線量率　X線照射された強直性脊椎炎患者の症例によると，白血病誘発率は放射線の線量率に依存する．しかしX線撮影のときに，通常使われるよりもさらに低い線量率で照射された場合の誘発率を算定するための資料は不十分である．

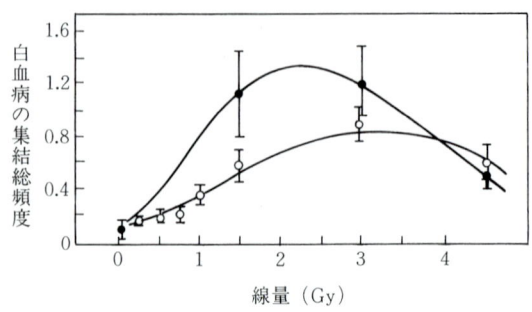

図 5-5. X 線照射された RF マウス（○：若い群，●：成熟群）における骨髄性白血病の発生頻度
縦棒は標準偏差値[49]

　d）比較的少線量被曝時の危険率：悪性腫瘍の誘発に関する線量効果関係の型については，比較的大線量域については明らかであるが，日常生活で問題になる程度の線量については何もわかっていない．低線量，低線量率での放射線のリスクを直接的に評価するのは不可能であるので，高線量，高線量率照射のデータからこれらのリスクを評価する試みがなされている．これは線量効果関係の傾斜は，比較的大線量域と低線量域とでは異なるがともに直線であるとの前提で，両者の比を推定し，低線量域での単位線量当たりの誘発率を推定する方法である．高線量率，高線量での線量効果関係の傾斜と低線量率，低線量でのそれとの比を線量・線量率効果係数 dose and dose rate effectiveness：DDREF とよぶ．発癌に関する DDREF は放射線リスク評価機関によって異なるが，2〜10 と推定されている．この値から日常問題となる 0.1 Gy/hr 以下の低線量率，0.2 Gy 以下の低線量被曝での放射線被曝によるリスクを推定している．

　少線量を低線量率で被曝したときの誘発については，はっきりとしたデータは少ない．また白血病に関して閾値があるかどうかは不明である．

　急性または慢性顆粒球性白血病の誘発は，比較的高線量での $50\times10^{-6}\mathrm{cGy}^{-1}$ から比較的低線量での $20\times10^{-6}\mathrm{cGy}^{-1}$ と，線量の低下に伴ってリスクは低下する．しかし線量が X 線写真撮影時程度になると資料は限られている．

　低線量域での放射線による白血病誘発率に関して，十分な資料がない以上，

比較的大線量域での放射線による白血病誘発率が低線量域でも適応できるとする方が，放射線障害防止の立場からは無難である．

今日までに得られている資料から，すべての年齢層にわたり平均すると，低LET放射線の低線量率での白血病誘発率は，$(15〜20)×10^{-6}cGy^{-1}$と推定される．

e）被曝線量の評価：白血病誘発に関して被曝線量を評価するためには，造血に関するもっとも重要な臓器である赤色骨髄の被曝線量をとりあげなければならない．便宜上，リスクは線量に直線的に比例する．またリスクは，積分線量（g・cGy）に比例すると仮定すると，リスクに対応する線量は，$\Sigma mi \cdot di$ であらわされる．ただしmiは赤色骨髄の質量（g）で，diはその線量（cGy）である．ところで赤色骨髄の分布は年齢に依存し，またその量の測定は容易ではないので，測定誤差による積分線量の誤差をさけるためには，g当たりの赤色骨髄線量であらわすのがよいだろう．つまり，

$$D = \frac{1}{M}\Sigma mi \cdot di$$

ただし，Dはg当たりの赤色骨髄線量で，Mは赤色骨髄の総量（g）である．

ところで放射線による白血病誘発の危険率は小さいので，危険率を評価するときは，かなり大きなグループをとりあげて，そのグループでの集積線量をそのグループの人数で割った値を用いるのがよい．これを平均骨髄線量 per caput marrow dose：CMDといい，次の式で与えられる．

$$D = \frac{\Sigma\Sigma \left(N_{jk}^{(M)} d_{jk}^{(M)} + N_{jk}^{(F)} d_{jk}^{(F)}\right)}{\Sigma \left(N_{k}^{(M)} d_{k}^{(M)} + N_{k}^{(F)} d_{k}^{(F)}\right)}$$

ただし，j, k, (M), (F)はそれぞれ診療の種類の区別，診療を受けた人の年齢による区別，男性，女性である．N_{jk}は，J種の診療を受け，年齢K層の人数であり，N_kは年齢がK層の国民全体の数である．dは，単位重量当たりの赤色骨髄線量である．

白血病は被曝後直ちに発病するわけでも，死亡するわけでもないので白血病の危険率の評価は，単に線量に依存するのでなく，年齢に依存する．年齢による余命を考慮した白血病で死亡する確率を白血病有意因子とよぶ．また，被曝した集団にみられる，白血病誘発の危険率の評価は，平均骨髄線量でなく，白

血病有意因子を加味した線量の方がより正確となるだろう．これを白血病有意線量とよぶ（橋詰雅）．

2）甲状腺癌

成人では 100 cGy 以上の被曝群で，子供では 10 cGy 以下の被曝群でも，甲状腺癌の発生率が自然発生率よりも超過して認められている．かつ線量依存性がみられる（図 5-6）．

誘発率は性別に依存し，女性の方が男性における誘発率の 2 倍である．また誘発率は被曝したときの年齢に依存し，10 歳以下で被曝した群の誘発率は，20 歳以上で被曝した群の約 4 倍である．潜伏期間は被曝時の年齢とともに延長する．甲状腺癌の発育は遅く，そのために死亡することは少ないので，甲状腺癌誘発率よりも危険率は低い．致命的な誘発甲状腺癌の生涯リスクは，5〜15×10^{-6}cGy^{-1}と推定されている．

3）乳癌

原爆被爆生存者や診断，治療のために被曝した患者の追跡調査により，放射線によって乳癌が誘発されることは明らかである（図 5-7）．潜伏期は 10 年から

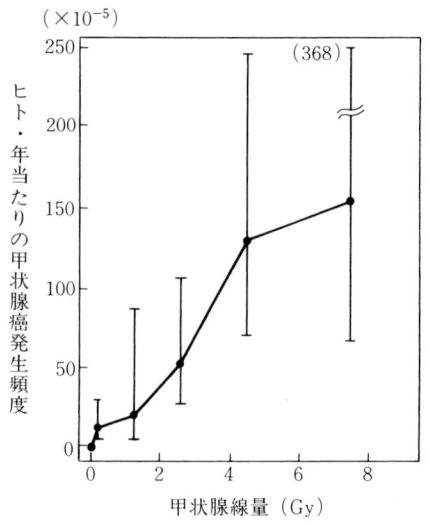

図 5-6．ヒト・年当たりの甲状腺癌発生頻度
縦棒は 90％信頼限界[50]

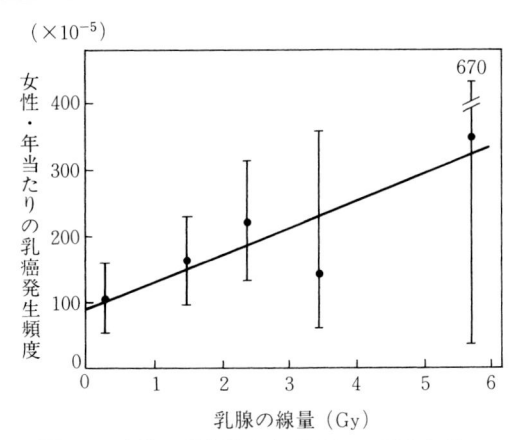

被曝した個体にみられる障害　93

図 5-7. 気胸で透視検査を受けた 10 万人女性の年当たり乳癌発生頻度
縦棒は 80％信頼限界[51]

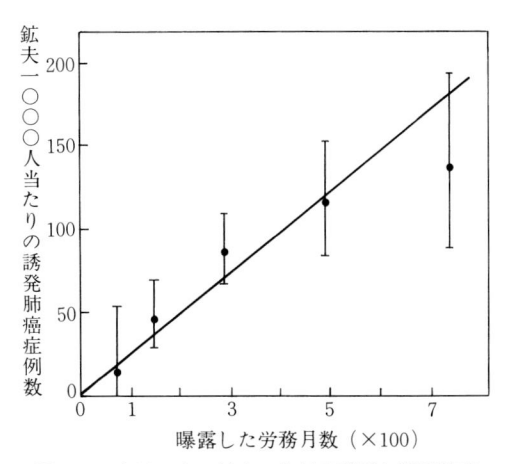

図 5-8. ウラニウム鉱夫における曝露と誘発肺癌症例数との関係
縦棒は 95％信頼限界[52]

30 年以上で，平均 25 年である．

　放射線誘発乳癌の死亡率は比較的低いので，致死的乳癌発生に関する平均リスク率は，$25 \times 10^{-6} \mathrm{cGy}^{-1}$ である．

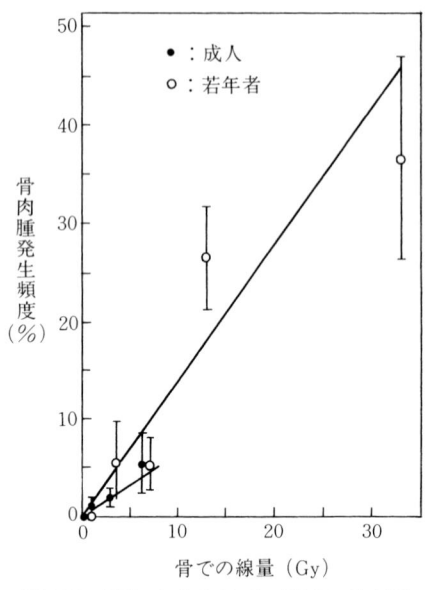

図 5-9. ^{224}Ra による骨での線量と骨肉腫発生頻度との関係

線量効果関係は閾値がなく，直線関係にあるとする被曝後 14〜21 年における骨肉腫の発生頻度は，単位線量当たり成人で 0.7%，若年者で 1.4% である[53]

4) 肺癌

放射線による肺癌の誘発は，原爆被爆生存者，ウラン鉱夫，強直性脊椎炎の治療のために照射を受けた患者，肺結核のため繰り返し胸部 X 線診断を受けたものなどに観察されている．(図 5-8)．

最短潜伏期間は 10 年である．LET の低い放射線の危険率は，被曝者が 35 歳以上の場合は $50 \times 10^{-6} \mathrm{cGy}^{-1}$ であり，全年齢の平均的リスクはこの半分，$20 \sim 50 \times 10^{-6} \mathrm{cGy}^{-1}$ と推定されている．相対リスクは女の方が男より約 2 倍高い．

5) 骨腫瘍

放射線による骨肉腫の発生については，放射線治療を受けた患者の追跡調査から証明されている（図 5-9)．誘発率は低 LET 放射線の場合，$3 \sim 5 \times 10^{-6} \mathrm{cGy}^{-1}$

で，男女ともほぼ同じである．年齢に依存し，成人よりも若年者で約30%多く認められた．

　6）その他の悪性腫瘍

　広島，長崎での原爆生存者の27.5年の追跡調査によると，白血病の発生は減少傾向にあり，その他の悪性腫瘍の発生率は増加の傾向にある．悪性腫瘍による死亡率のうち約40%は，白血病による．固型腫瘍による死亡数の全増加例中，肺癌が28%，乳癌が11%，胃以外の消化器官の癌が18%である．胃，食道，泌尿器，リンパ腺，造血臓器の癌による死亡率も被曝群では，自然発生率より有意に増加した．リスクは $50 \times 10^{-6} \times \text{rem}^{-1}$ と推定されている．

　脳　被曝線量100 cGy前後で，20年余りの観察からは $5 \sim 20 \times 10^{-6} \text{cGy}^{-1}$ の誘発率をみている．脳腫瘍誘発の潜伏期は長いので，この推定値は低く見積られていると思われる．また胎児の脳の感受性は高いらしい．

　消化器官の悪性腫瘍　放射線治療症例に消化管の悪性腫瘍の誘発がみられた．食道，小腸あるいは大腸の悪性腫瘍の誘発リスクは，$5 \times 10^{-6} \text{cGy}^{-1}$ と推定されている．胃の悪性腫瘍の誘発率は，$(10 \sim 20) \times 10^{-6} \text{cGy}^{-1}$ である．

　骨盤内の諸器官　子宮体部，子宮頸部，卵巣，直腸，膀胱，腟，外陰などにみられる悪性腫瘍の発生率も，骨盤腔に放射線治療を受けた群では，対照群よりも高い．

　皮膚　放射線発癌に関して感受性は低いが，慢性放射線皮膚炎のうち約30%に皮膚癌がみられる．潜伏期は30年前後である．誘発皮膚癌の中では，基底細胞癌の頻度が扁平上皮癌の約4倍高い．放射線誘発皮膚癌による死亡率は低い．

　7）まとめ

　放射線による悪性腫瘍の誘発率のうち，白血病については潜伏期が短いので，比較的正確な値が推定されている．しかしその他の悪性腫瘍については，潜伏期が長いので資料が十分に得られていないかもしれず，現在得られている推定値は実際よりも低いかもしれない．また現在得られている推定値は，すべて比較的大線量被曝群にみられた悪性腫瘍の誘発率からの推計である．職業上の被曝や環境からの被曝など，比較的少線量での誘発率はさらに低くなると思われる．しかし放射線防護の立場からは，あやまって危険率を低く見積るよりも，あやまっても危険率を高く推定する方がよいであろう．

　表5-3は，悪性腫瘍の放射線による誘発率と致命的リスクである．すべての

表 5-3. 各臓器・組織リスク係数（ICRP 1990）[72]

臓器または組織	致死癌 (%Sv^{-1})	致死率 (%)	寿命損失 (年)
膀　　　　胱	0.30	50	9.8
骨　表　　面	0.05	70	15.0
乳　　　房	0.20	50	18.2
結　　　　腸	0.85	55	12.5
肝	0.15	95	15.0
肺	0.85	95	13.5
食　　　　道	0.30	95	11.5
卵　　　巣	0.10	70	16.8
皮　　　　膚	0.02	0.2	15.0
胃	1.10	90	12.4
甲　状　　腺	0.08	10	15.0
赤　色　骨　髄	0.50	99	30.9
残りの組織	0.50	71	13.7
小　　　　計	5.0	―	―
遺伝的欠陥	1.0+	―	20.0
合　　　　計	←―7.2（荷重したもの）―→		

＋すべての世代

　悪性腫瘍を念頭におくと，全身被曝による致死癌のリスクは全年齢人口に対して 5%Sv^{-1} であり，18歳から65歳の年齢人口に対して 4%Sv^{-1} と計算されている．

　ICRPの1977年レポートでは，全年齢人口でのリスクは 1.25%Sv^{-1} と計算されていたが，その後，結腸や胃などのリスクが計算されたこととリスクの見直しがあり，1990年報告ではリスクは約5倍大きく計算されている．

b．寿命短縮

　放射線に被曝した群の平均余命が，対照群のそれよりも短いことは，動物実験で明らかである．しかしヒトの寿命短縮効果については，加齢現象そのものの機構が明らかでないこともあり，放射線による寿命短縮を正しく評価することは困難である．

　このように放射線誘発寿命短縮については，ヒトに関してはっきりとした資料はないが，動物実験では，線量効果関係とその年齢依存性が明らかにされている．

　動物実験での結果によると，寿命短縮効果は線量率に依存し，低下とともに

効果が少なくなるが，線量率効果が認められなくなる下限の値があるらしい．分割照射により効果が少なくなるが，その程度は動物の種類，1回当たりの線量，分割間隔，総線量の大きさ，年齢に依存する．

c．白内障

眼に被曝したときにみられる重要な障害は，白内障である．放射線誘発白内障には放射線による他の障害ととくに異なる点がある．中性子線の RBE が大きいことである．中性子線照射では，20〜50 cGy 程度の1回被曝で水晶体に混濁がみられるが，X 線や γ 線被曝では，200 cGy 未満では混濁は観察されない．臨床的に問題となる白内障の閾値は，X 線では 500 cGy である．白内障の誘発率は X 線線量率には依存するが，中性子線量率にはほとんど依存しない．それで低線量率での中性子線の RBE は 50 にも達する．

潜伏期は線量が増すにつれて短くなる．

d．再生不良性貧血

放射線照射によって再生不良性貧血が生じることは，強直性脊椎炎で放射線治療を受けた患者，原爆被爆生存者，米国の放射線科医の追跡調査などの結果から確認されている．

D．子宮内被曝でみられる障害

受精した胚が放射線に被曝すると，種々の障害がみられる．子宮内にあるときは，出生後あるいは成長した個体に比較して，放射線感受性が高く，また障害はわずかでも，発生の過程で拡大され，大きな異常になりやすいので，胚に対する放射線の影響は重要である．

子宮内で被曝したときに，ヒトにどんな発生異常がみられるかについては，資料が限られている．原爆被爆妊婦，あるいは診断のための X 線検査や放射線治療を母体が受けた胎児に関する資料などである．

1．障害の種類

a．致死効果

被曝胚にみられる障害の1つは死亡である．死亡する時期は3つに分けられる．① 被曝後細胞分裂があまりみられず，結果的に妊娠が中断され，受胎胚が

吸収される胚死，② 被曝後細胞の分裂，増殖はみられるが，胎児の時期に死亡する胎児死，あるいは，③ 正常な出生ののち1カ月以内に死亡する新生児死亡とである．

胚がどの時期に死亡しやすいかは，被曝した時期に影響される．

b．成長阻害

胎児の身長や体重を測定すると，被曝胎児には，対照群に比較して成長の阻害がみられる．このような成長遅延がみられる胎児では，しばしば出生後も成長欠陥がみられる．

c．奇　形

さまざまな種類の奇形の発生が，被曝群に観察される．あるものは奇形が原因となって死亡するが，奇形の程度が軽い場合は，生きながらえることができる．

2．障害発生率修飾因子

障害の種類と程度は，被曝線量よりもむしろ被曝した時期によってきまる（図5-10）．ヒトに関する資料が少ないので，実験動物から得られた結果を外挿して，ヒトにみられる放射線障害を推定しなければならない．しかし，動物の胎生日

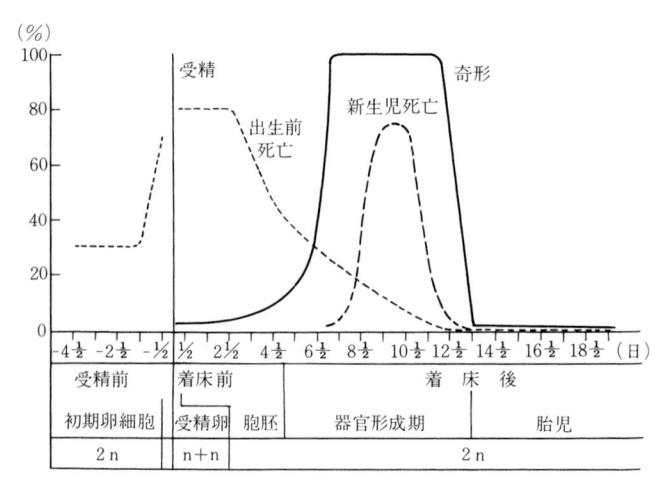

図 5-10．マウスにみられる出生前，出生後死亡あるいは奇形誘発率と被曝時期[60]
受精前は 400 cGy，受精後は 200 cGy 照射

数がヒトの場合の胎齢のいく月に相当するかの換算方法がないので，動物実験から得られた結果をヒトに外挿してあてはめることは，定性的には可能であるが，定量的にはいまのところ困難である．着床前期に被曝したときにみられるおもな障害は，出生前死亡である．器官形成期の障害は，新生児死亡や奇形の発生が特徴的である．胎児期での被曝は，発癌などによる出生後の死亡，あるいは中枢神経系や生殖器の成長阻害などをもたらす．

障害の誘発率は，総線量の他に，線量率，LET，分割回数などによって影響をうける．

3．着床前期の障害

受精卵から，細胞分裂を繰り返し胞胚期を経て，着床するまでの時期である．

a．致死効果

この時期に被曝すると，胚はそのまま死滅するか染色体異常などにより分裂異常をきたすかして，最終的には吸収される．そうでない場合は，まったく正常に出生する．ヒトの場合，これは出生率の低下として観察される．

胚の吸収に関する線量効果関係は，さまざまである．図 5-11 はマウスを胎生 7.5 日に照射して，出生直前に吸収胚の割合をしらべたものである．ここでは直線関係がみられる．5～100 cGy の線量範囲の実験によると，生前死亡の頻度はほぼ 10^{-2} cGy^{-1} である．致死効果は，X 線よりも中性子線が大きい．図 5-12 は，

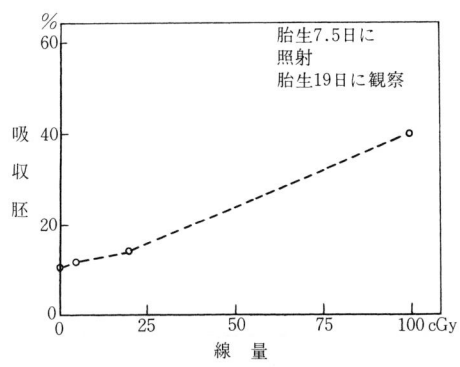

図 5-11．マウスの受胎胚吸収に対する線量効果関係[61]

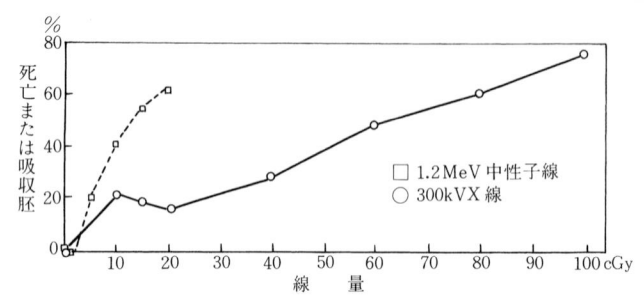

図 5-12. マウスをX線あるいは中性子線で照射した時にみられる着床前期照射後の子宮内死亡率[62]

マウスを着床前期にX線あるいは中性子線で照射したときの，線量と吸収胚あるいは出生前死亡との関係を示している．

着床前期に被曝した群では，新生児死亡はみられない．

　b．成長阻害

この時期に被曝しても正常に出生したものには，成長阻害も寿命短縮もみられず，新生児は正常に発育成長する．

　c．奇　形

奇形の誘発についてはあまりはっきりとはしていない．発生学的には奇形の発生はありうるが，器官形成期でみられる奇形発生に比べると，その可能性はごく低い．

4．器官形成期の障害

着床から四肢ができるまでの期間で，ヒトでは受精後9日目からほぼ60日目に至る期間である．この間胎齢に応じて器官が順次形成されていく．

　a．致死効果

器官形成期であっても，比較的早期であれば，被曝によって胚は死滅し吸収されるが，胎生日数がすすむにつれて，致死的効果はみられにくくなる．

　b．成長阻害

この時期に被曝すると，胎児の成長と出生後の成長と抑制が観察される．ヒトの場合，診断のために母体がX線検査をうけた胎生2カ月以内の胎児は，出産時の身長や体重が低い．

c. 奇 形

器官形成期に照射されたときに，もっとも高頻度に誘発される障害は奇形である．奇形の種類ごとにもっとも誘発されやすい時期がある．この時期は，その器官の分化の時期と一致している．

1）種類

被曝した哺乳動物にみられるおもな奇形を**表 5-4** に示す．主として中枢神経系，眼ならびに骨格系の奇形が多い．マウスでは 25 cGy が閾値である．

被曝したヒトに，このような奇形が誘発されるかどうかについては，資料が少ない．ヒトにみられる奇形のうちでもっとも一般的なものは，小頭症である．原爆に，爆心地から 1,200 m 以内の位置で被爆した妊婦の子供の 64％に，小頭症あるいは知能低下が観察されている．しかし実験動物でみられるような骨格系の奇形は，原爆被爆生存者の中には報告されていない．

先天的奇形による死亡を指標とすると，診断のために母親が被曝した群と対照の被曝していない群とで，有為な差はない．他方診断のために母親が被曝した胎児では，この場合の被曝線量は 0.7～5 cGy と推定されるが，ダウン症の頻度が対照群の 10 倍である．

2）誘発率

線量効果関係が比較的よくわかっているのは，神経系の障害である．奇形誘発に関する線量効果関係は，上に凹である．胚や胎児の奇形誘発に関する線量—効果関係が，しばしばシグモイドであること，細胞あるいは組織レベルでの障

表 5-4. 胎児被曝によってみられる主な奇形[63]

脳神経系	骨　格	眼	その他
無脳症	頭蓋骨異常*	眼球欠損症	内臓逆位
穿孔脳症	頭部化骨欠損*	小眼球症*	水腎症
小頭症*	全身的発育抑制	小角膜*	陰のう水腫
脳ヘルニア	口蓋裂*	欠損症*	尿管水瘤
ダウン症*	漏斗胸	紅彩奇形	腎欠損
脳萎縮	股関節脱臼	斜視*	生殖腺退化*
遅鈍*	二分脊椎	眼球振とう*	皮膚色素異常
白痴	わん曲足*	白内障*	心臓奇形
水頭症*	四肢の異常*	失明	耳の奇形*
脊髄異常*	合指症	脈絡網膜炎	顔面の奇形

＊はヒトにも観察されている奇形

害には修復がみられること，さらにまた奇形が誘発されるためには，照射された細胞数のうち，ある一定以上の細胞が不活性化されないと目にみえる障害にはならないと仮定できれば，たぶん奇形誘発に関しては閾値があるだろう．

　小頭症や知能低下は，50 cGy 以上の比較的高線量急照射に伴って生じる．誘発率は $10^{-3}cGy^{-1}$ である．閾値は 10～150 cGy である．原爆被爆生存者の資料によると，中性子線の方が，γ 線よりも誘発率は高い．

　骨格系の奇形誘発の閾値は，マウスの骨格の催奇形実験によると 5 cGy である．四肢の奇形として，マウスの尾の奇形が報告されているが，この場合 150～300 cGy の線量範囲では，線量と誘発率とは比例し，単位線量当たりの誘発率は $5 \times 10^{-3}cGy^{-1}$ である．

　広島，長崎での被爆者の調査によると，ヒトにおいて閾値は約 0.1 Gy であるとみられる．

　すべての重篤な奇形を念頭におくと，奇形の誘発率は，胎生 8 日目のマウスでは $5 \times 10^{-3}cGy^{-1}$ であり，胎生 8～13 日では $(2～4.5) \times 10^{-3}cGy^{-1}$ である．

3）奇形誘発率修飾因子

　修飾因子としては，放射線の LET や線量率，酸素あるいは防護剤が知られている．LET が大きいと RBE も大きい．

　低線量率，あるいは分割照射すると奇形誘発率は低下し，奇形誘発に関しても障害の一部が回復可能であることを示している．また分割照射の間隔が延長されると，各照射時期での胎齢がちがい，結果的には 1 回照射の時よりもさまざまな奇形を生ずる可能性がある．

5．胎児期の障害

a．致死効果

　マウスによる実験結果では，被曝によって出生前あるいは出生後の死亡が観察されるが，LD_{50} 値は，胎齢がすすむにつれて次第に増加する．

　ヒトでは，360 cGy の被曝で流産がみられる．原爆被爆者では，爆心地から 2 km 以内にいて被爆後放射線症を示した婦人の 60％に，胎児死亡，新生児死亡，あるいは知能低下などが観察されている．

b．成長障害

ヒトに関して，被曝によって身長の抑制，頭囲の低下，胸囲の抑制など，成長が阻害されることが確認されている．

c．奇　形

胎児期は主として成長期にあるので，巨視的な奇形は誘発されない．

d．発　癌

この時期に被曝すると，被曝した成人にみられると同様に癌が誘発される．被曝線量が $0.2 \sim 0.25\,\mathrm{cGy}$ で，悪性腫瘍の発生頻度はすでに高くなる．計算された誘発率は，$(300 \sim 800) \times 10^{-6}\,\mathrm{cGy}^{-1}$ である．この値から，胎児の発癌に関する感受性は，成人の場合の2倍以上であるといえる．イギリスの妊婦のX線検査にもとづく最近の推定値は，$13 \times 10^{-2}/\mathrm{Sv}$ である．

e．その他

胎児期に被曝すると，当然のことながら成人が被曝したと同様の反応がみられる．その1つは急性放射線障害である．

広島，長崎での被爆者の調査によると，受胎後5～15週の被曝で，①重度の精神遅滞，②知能指数の低下，③学業成績の低下，④原因不明の全身けいれんなどが増加する．

知恵おくれの発生頻度は，1 Gy 当たり 40％，知能指数低下は 1 Gy 当たり 30 点である．ともに閾値があり，前者では 0.1～0.2 Gy 当たりである．

6．障害防止のために

器官形成期とは，本人も医師もその妊娠に気づかぬ時期である．このことは障害防止の立場からは重要である．妊娠可能な婦人の骨盤腔を照射野に含む放射線診断をする場合は，できるだけ月経開始後 10 日以内（この 10 日という値については疑問視するむきもある），つまり妊娠している可能性がまったくない時期にするようにすすめられるのはこのゆえである．

ハマー-ジャコブセン（Hammer-Jacobsen）は，妊娠の初めの 6 カ月以内に 10 cGy 以上被曝したときは，人工流産させることをすすめている．しかしこれをつねに実施するべきかどうかはさらに検討する必要があろう．

E. 遺伝的障害

　生殖腺が放射線をあびると，生殖細胞が死滅し減少するというような早期の障害がみられるだけでなく，生殖細胞は生き残っても，その細胞には染色体異常や遺伝子突然変異などの遺伝的障害が生じる．放射線が遺伝的障害を誘発することは，1927年にすでにショウジョウバエの精子を照射して証明されている．

　遺伝的障害は，さまざまの型に分けられる（表5-5）．核突然変異は，染色体数が正常の数の倍数になったり，異数を示す染色体数変異と遺伝情報の変異とに分けられる．

　放射線によって誘発され，しかも比較的よく研究されている遺伝的障害は，染色体異常と遺伝子突然変異とである．遺伝子突然変異が生殖細胞に生じても，細胞の分裂にはあまり支障がないので，生じた遺伝子突然変異は子孫へと受け継がれていく．ところが，染色体異常の場合には，細胞分裂が阻害されることがある．その場合は子孫をつくることができず，結果的には生じた放射線障害は，被曝した個体の子孫にあらわれるだけで，それ以上に子孫に伝わらない．

表 5-5．遺伝的障害の種類

```
┌細胞質突然変異
└核突然変異
    ┌染色体数変異（倍数性，異数性）
    └遺伝情報変異
        ┌組換え（形質転換，形質導入など）
        └突然変異
            ┌染色体構造変化（欠失，逆位，重複，転座など）
            └遺伝子突然変異（染色体の微細な部分的異常）
```

1. 染色体異常

a．放射線誘発染色体異常の種類

　染色体の構造は必ずしも安定したものではなく，減数分裂するときに交叉し，それによって切断と融合が生じる．この切断と再融合の過程で，種々の染色体異常が生じる．

1）欠失 deficiency
　染色体の一部が失われることで，主として致死的作用をもち，劣性突然変異に関与している．
　2）重複 duplication
　染色体の一部が重複しているものである．重複した染色体片が小さいときは，体細胞分裂を通じて失われず，子孫に遺伝することもある．
　3）転座 translocation
　切断された染色体断片が非相同染色体に付着したり（単純転座），非相同染色体間で染色体断片を交換（部分交換，相互転座）することである．
　4）逆位 inversion
　染色体の一部が逆になるもので，しばしばみられる．相同染色体の一方が正常で他が逆位のときは，減数分裂の時染色糸の接着がループ状になされ，欠失と重複とが同時にできたりする．
　b．ヒトの染色体異常による疾患
　1）胎内早期死亡
　ヒトの場合の着床前死亡については不明である．ただ剖検時や手術時に，子宮内に着床母斑を認めることがある．この原因は染色体異常らしい．しかし線量との関係など不明な点が多い．
　2）流産
　胎齢 28 週より以前の死亡の半数以上は，排卵後 7～10 週に生じている．全流産胎児の半数以上は奇形を伴っており，無脳など著しい奇形が流産と結びついている．この流産胎児の相当部分は，染色体異常を伴っている．流産に結びつく染色体異常の多くは，常染色体の異数性である．
　3）染色体の不分離現象に由来する疾患
　染色体が減数分裂するときにうまく分離できずに，通常の 23 対の染色体より数が多いものや少ないものが生じることがある．これを不分離現象という．不分離現象は性染色体，常染色体のいずれにもみられる．一見普通の XXY はクラインフェルター症候群とよばれ，一種の男性間性である．XO はターナー症候群とよばれ，いわゆる女子間性である．YO は生じる可能性があるのにこれまで発見されていない．
　染色体の不分離現象は，常染色体にも起こりうる．ダウン症候群はその 1 つ

で，第21番目の染色体が不分離を起こし，受精卵ではこの染色体が3本になり，全部で染色体が47本になっている状態である．

c．放射線による人の染色体異常誘発の根拠

実験動物では，放射線によって種々の染色体異常が生じること，そしてヒトにも染色体異常による種々の疾患があることが明らかである．しかしヒトにおいても，染色体異常が放射線によって誘発されるという根拠，あるいはこれを積極的に裏づける根拠は少ない．

1）子供の性比

原爆被爆生存者の子供の性比が，通常の子供の性比と異なるとする意見がある．しかし父親のみが被曝した群については，データに一貫性を欠いているので否定する意見もある．

2）流産

染色体異常をもつ胎児の母親は，それ以外の自然流産や出生児の母親に比較して，医療用照射による平均生殖腺線量を多く受けている．ことに3倍体流産児の場合は，放射線被曝が重要な因子になっている．

3）ダウン症

放射線被曝とダウン症誘発との関係は，比較的よく調べられているが，必ず

表 5-6．被曝による染色体異常の誘発[66]

	重複および環構造の数/細胞
in vitro	
対照	0.0013
5 cGy	0.0013
10 cGy	0.0013
15 cGy	0.0033
30 cGy	0.0173
in vivo	
7〜18歳のヒト	
対照	0.0012
2—4 cGy（皮膚）被曝直後	0.0028
〃　（〃）〃 1日後	0.0048
8〜32か月	
対照	0.0000
1 cGy（皮膚）被曝直後	0.0011
〃　　　〃 1日後	0.0038

しもはっきりとした結果は得られていない．

4) 染色体異常

　原爆被爆生存者の子供が出生後17年間観察されているが，親が被爆していても，子供の死亡率が高くなっているわけではない．また子供の染色体異常の頻度は0.62%である．この値は，対照群の新生児の染色体異常自然発生率0.6%と比較して差がない．

　しかし，**表5-6**に示すように被曝後，ヒトの末梢白血球に染色体異常の頻度が増えるという報告もある．生じた異常が必ずしも何らかの疾患に結びつくことを示すものではないが，染色体異常が人にも放射線で誘発されることを示している．

d．線量効果関係

　放射線誘発染色体異常は，2つの型に大別される．1つは1本の染色体が切断されるだけでみられる現象で，末端部欠失がこれにあたる．この現象の線量効果関係は，指数関数的である．もう1つは，染色体が同時に2か所で切断されなければ生じない染色体異常である．中間欠失，重複，転座などがこれに相当する．この場合の線量効果関係には肩がある．

e．線量効果関係修飾因子

　染色体異常が誘発される頻度は，種々の因子によって修飾される．すべての反応に関して修飾可能な因子のすべてが調べられているわけではないが，明らかになっている修飾因子には次のようなものがある．

1) 放射線線質

　転座の誘発率は放射線質に依存し，2 MeV 中性子線の RBE は4である．

2) 線量率

　性染色体が消失しXO型になる頻度は，マウス雌を用いて実験すると，線量率が 80 cGy/分から 0.006 cGy/分に低下するにつれて低下する．

3) 分割照射

　一度に照射するのでなく，2回に分けて照射すると，総線量は同じでも誘発される障害の頻度は少なくなることが，精原細胞でみられる転座の収量で確かめられている．

4) 動物の種類

　転座の誘発率は，動物の種類によって差がある．ヒトの転座誘発率は，マウ

スの精原細胞での値の3倍である．

5）細胞周期依存性
染色体異常の発現は，細胞周期に依存する．

6）細胞の種類
照射による XO 型の子孫の発現を指標とすると，精原細胞を照射したときの誘発率より精子を照射した場合の誘発頻度は高い．

7）その他
染色体異常の誘発率は，酸素分圧が高いと，あるいは温度が比較的低いと高くなる．グルタチオンは，防護剤として働き，誘発率は低下する．転座の誘発に関して MEA などは，放射線誘発細胞死に関してと同様に，放射線防護効果がある．システアミンには防護効果はみられない．

2. 点突然変異（遺伝子突然変異）

染色体の数や型に異常はみられないが，染色糸上の遺伝子に変異をきたしたものを点突然変異という．誘発された点突然変異は，染色体上に可視的状態でとらえることができず，子孫にあらわれた形質の表現型をもって初めてとらえられる．それゆえに，点突然変異の放射線による誘発に関する研究は，比較的多数の集団を比較的容易に取り扱える動物，つまりショウジョウバエかハツカネズミに関して多くなされている．

ヒトに関する資料はほとんどない．

a．遺伝子異常による疾患

ヒトの遺伝子の座は 10,000 以上あると推定されている．この遺伝子座は，容易に変化するとはいえないが，また逆に安定したものとは決していえない．ヒトにみられるすべての突然変異は，無条件に有害であるととらえるべきであるが，この生じた変異が平均幾世代まで存続するのかについてのデータはいまのところない．

今日知られている遺伝子の変異による遺伝的疾患には，優性遺伝子によるものに，網膜芽細胞腫，強直性筋萎縮症，無胆汁色素尿性黄疸などがあり，劣性遺伝子としては，血友病，筋ジストロフィー，ケトン尿症，ガラクターゼ血症などがある．

常染色体の優性遺伝子突然変異の有害さはさまざまであるが，出生児の約

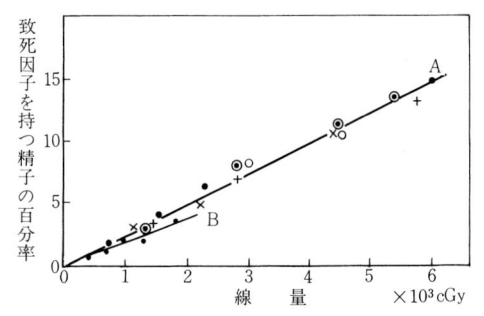

図 5-13. 種々なる放射線による伴性劣性致死突然変異率と線量の関係[71]
●：X 線，X：軟 X 線，⊙：γ 線，＋：β 線（A）中性子（B）（Timoféeff-Ressovsky および Zimmer）

0.8%は何らかのそのような形質をもっている．

b．ヒトでの放射線誘発点突然変異

遺伝子の異常による疾患は，これまで述べたようにいくつか知られているが，点突然変異が動物においてと同様にヒトにおいても放射線によって誘発されることを示す直接的根拠はまだない．しかし遺伝子を構成しているアミノ酸の構造などは，基本的には実験動物や昆虫とヒトとで同じであるので，昆虫などにみられた現象がヒトにも適用できるとしてもあまり無理はないであろう．

c．実験動物にみられる点突然変異率

常染色体の劣性致死突然変異の自然発生頻度は 0.5×10^{-2}/配偶子であるが，放射線による誘発頻度は 0.9×10^{-4}/配偶子/cGy である．

d．線量効果関係

図 5-13 は，線量と伴性劣性致死突然変異率との関係を示している．X 線などの電磁波放射線でも中性子線でも，線量に比例して致死突然変異は誘発される．

e．線量効果関係修飾因子

1）放射線線質

中性子線による誘発率は，X 線や γ 線のそれよりも大きい（図 5-14）．点突然変異誘発率はつねに放射線線質に依存するわけではなく，ショウジョウバエの点突然変異率は放射線線質に依存しない．

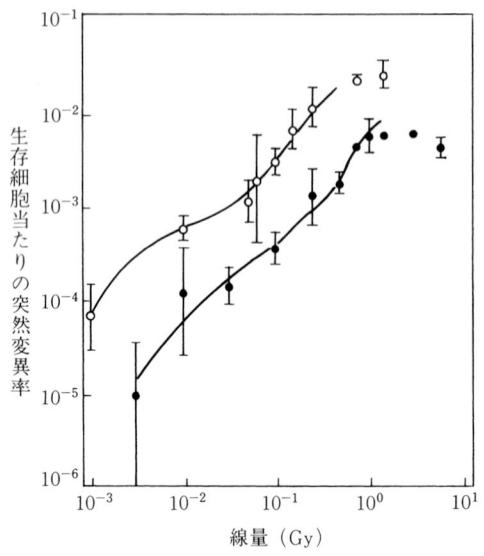

図 5-14. ハムスター胎生期細胞における突然変異に関する線量効果関係
● : 250 kVpX 線, ○ : 430 KeV 中性子線, 縦棒は 95%信頼限界[69]

2) 線量率

点突然変異の中には, その放射線による誘発率が線量率に依存するものとしないものとがある.

マウスの spermatogonia や oophocyte では, 点突然変異の誘発率は線量率に依存して, 線量率が上がると変異率も上がる (図 5-15). 線量率が低下すると, 線量効果関係は一次の項に近づいてくる. ところが, ショウジョウバエの伴性劣性致死突然変異は, 線量率に依存しない (図 5-16).

3) 分割照射

点突然変異の誘発率は, 1 回照射でなく分割照射することによって低下することもあるが, この効果については必ずしも一定の結論は得られていない. マウスの spermatogonia を 24 時間間隔で照射すると, 変異率は上昇する. ところが雌では同様に 24 時間間隔で照射しても, 変異率は変化しない. 75 分間隔で照射すると誘発率は低下する.

遺伝的障害　111

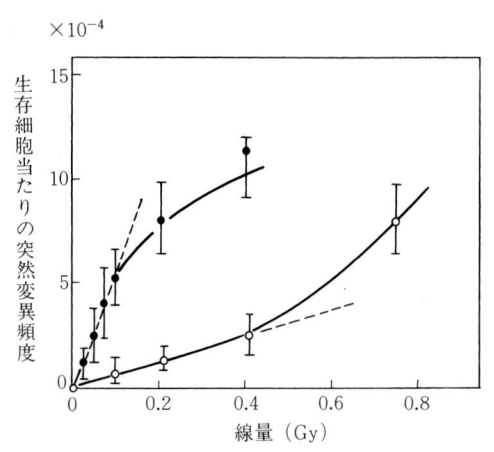

図 5-15. 核分裂中性子に照射された $C_3H\ 10\ T\ 1/2$ 細胞の癌性突然変異誘発率[70]
○：0.38 Gy/分，●：0.00086 Gy/分　点線は低線量域の線量効果関係を延長したもの

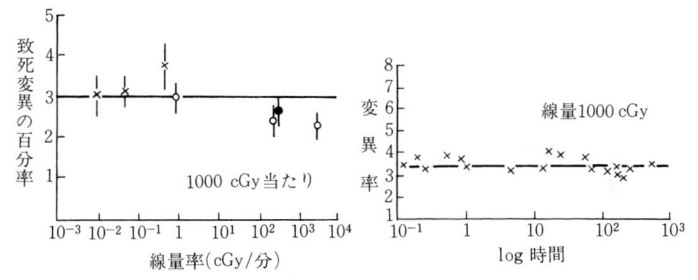

a．伴性劣性致死変異率
● ：Timoféeff-Ressovsky, Zimmer および Delbrück（X 線）
○ ：Wilhelmy, Timoféeff-Ressovsky および Zimmer（軟 X 線）
× ：Ray-Chandhuri（γ 線）

b．Patterson：Timoféeff-Ressovsl および Zimmer のデータから X 線のみ

図 5-16. 線量率と突然変異率との関係[71]

4）動物の種類

Abrahanson らによると，突然変異率と DNA 含量との間に直線関係があるが，これは必ずしもすべての系についていえるわけではない．

5）年齢

比較的年齢のすすんだマウスの第二世代では，突然変異率が高い．成育個体の精原細胞照射によってみられる突然変異率は，2.91×10^{-7}/座/cGy である．生後 2〜35 日目の雄でも，2.63×10^{-7}/座/cGy である．ところが新生雄マウスの生殖細胞では，X 線照射による突然変異率は，1.37×10^{-7}/座/cGy であることが 7 つの特定遺伝子座で示されている．

6）その他

点突然変異誘発率は，照射と受精までの時間間隔に影響される．

3．遺伝的障害の評価

遺伝的障害は被曝したヒトに必ずあらわれるわけではないが，また線量が少なくてもある確率で必ず生じる．そこで被曝線量を評価するために各個人の線量でなく，集団での線量を用いるのがふさわしい．集団中の幾人かが実際に受けた線量から生ずる全体の遺伝的障害と同じだけの障害を期待できるような，集団中の各個人の平均線量を遺伝有意線量という．

遺伝有意線量は次のような仮定，前提のもとに計算される．① 当該組織は生殖線である．② 線量効果関係は直線的で，閾値はない．③ 胎児は期待される子供としてではなく，被照射成人として取り扱う．④ 遺伝的障害の発現は，性，配偶子の細胞周期に依存するが，重要度が不明のため計算上は考慮しない．

$$D = \frac{\sum_j \sum_k \left(N_{jk}^{(F)} \cdot W_{jk}^{(F)} \cdot d_{jk}^{(F)} + N_{jk}^{(M)} \cdot W_{jk}^{(M)} \cdot d_{jk}^{(M)} \right)}{\sum_k \left(N_k^{(F)} W_k^{(F)} + N_k^{(M)} \cdot W_k^{(M)} \right)}$$

ただし，

D ：年間遺伝有意線量
N_{jk} ：年齢 k 群で j だけ被曝した年間の人数
N_k ：年齢 k の人の総数
W_{jk} ：年齢 k で j だけ被曝したヒトの子供期待数
W_k ：年齢 k の人の平均子供期待数
d_{jk} ：年齢 k で j だけ被曝したヒトの生殖腺線量

放射線被曝によって生じる遺伝的障害の評価は，集団全体の生殖細胞に一世代当たりみられる有害遺伝子数でされる．点突然変異の中には，理論的には無

害あるいはむしろ人間生活によってよりよい変異もありうるわけだが，はっきりと立証されたわけでもないので，ヒトにみられる変異については，すべて有害として取り扱う方が障害防止の立場からはよいだろう．

遺伝的障害は，放射線以外の原因によっても誘発されるので，集団中にすでにみられる．可視的障害は新生児の6%にみられる．その1%は染色体異常，1%は優性の伴性遺伝子，1.5%は体質的あるいは精神的遺伝病であり，残りの2.5%は奇形である．この値は調査集団によっていく分ちがい，ブリティッシュコロンビアでは，遺伝病の頻度は9.44%である．

遺伝的障害は，原則的には被曝した個体の子供にみられるだけでなく，幾世代にも伝えられる．そこで，放射線被曝によって集団が幾世代にもわたり受ける損傷を推定しなければならない．このためにはいくつかの仮定が必要である(Muller 1950)．

a) 子供が生まれるときの親の平均年齢は約30歳である．
b) 遺伝子突然変異は，生殖細胞中に蓄積されている．
c) 放射線の被曝は，全く at random にみられる現象である．
d) 点突然変異が生じる時期は，生殖細胞の分化に要する時間を考慮すると，減数分裂する以前である．
e) ヒトについての変異率の予測は動物の資料による．
f) 点突然変異率は，動物の種類によって差があるかもしれないが，ヒトに関する資料が不十分であるので，多くの数値はマウスでみられた変異率の数値を引用する．
g) 点突然変異は，放射線照射を人為的にしていない集団にもみられるが，この自然発生の点突然変異と放射線誘発のものは計算上は同一視する．

相互転座の誘発率は，線量の大きさと線量率とに依存する．ヒトが被曝する機会の多くは，低線量，低線量率被曝である．低線量X線，低線量率X線による相互転座の誘発率はそれぞれ，0.44×10^{-4}/配偶子/cGy，0.87×10^{-4}/配偶子/cGy と推定されている．このことから父方が1cGy被曝すると，10^6妊婦のうち2〜10の先天的奇形，11〜55の流産，22〜109の初期胚の消失が期待される．

F．放射性同位元素による生物学的作用

　放射性同位元素はわれわれの生活環境に天然に，また人工産物として存在している．これらは崩壊する時に放射線を放出するので，生物には線量の大きさに応じた反応がみられるだろうと推論される．放射性同位元素が生体外にあるときにみられる生物学的反応は，基本的にはこれまでに述べてきたことと同一である．ところが放射性同位元素が生体内あるいは細胞内にあるときにみられる反応は，生体外からの放射線に被曝したときにみられる反応とはいくつかの点でちがいがあるので，ここで特別に述べる．

1．放射性同位元素源

　われわれをとりまく自然界には，今日多数種の放射性同位元素が存在している．大別して天然のものと人工産物である．天然のものには，宇宙線によって生成される放射性同位元素と原始放射性核種とがある．宇宙線によって生成される放射性核種には，^3H，^7Be，^{14}C，^{22}Na などがある．これらは経時的に崩壊していくが，それとともに常時宇宙線によって生成されているので，自然界での存在量は減少していかない．ところが原始放射性核種は，その生成を地球の歴史にまでさかのぼらなければならず，半減期の長いものが多いとはいえ崩壊するのみであるので，自然界での存在量は減少している．これには^{40}K，^{87}Rb，ウラン系列のものあるいはトリウム系列のものとがある．

　人工の放射性同位元素としては，核実験に伴う爆発によって生成され，放出されたものと，原子力発電に伴い，原子炉の運転や核燃料処理の際に空中や水中に放出されるものとがある．

　宇宙線生成放射性核種による被曝線量は，生殖腺 0.005 mGy/年，肺 0.006 mGy/年，赤色骨髄 0.022 mGy/年である．主として^{14}C による線量が大半をしめている．原始放射性核種による被曝線量は大半が^{40}K によるものであるが，生殖腺で 0.17 mGy/年，肺で 0.52 mGy/年，赤色骨髄で 0.29 mGy/年である．

2．放射性同位元素による障害例

　ウラン鉱山に働く鉱夫は，ラドンの吸入により肺に被曝する．肺癌の超過症

例数と被曝との間に直接関係があり，ラドンによる肺癌の誘発を示唆している．しかし肺癌は喫煙によっても誘発され，鉱夫にみられる肺癌に関してラドンの影響と喫煙による影響とを正しく分離して評価することは困難である．

かつて造影剤として使用されたトロトラストに，発癌性があることは明らかになっている．正確な線量評価は容易ではない．また発癌が放射線のみによるのかどうか明らかでないが，誘発される肝癌がトリウムから出る放射線のみに原因するものであると仮定すると，肝癌のγ線による誘発率は$100\times10^{-6}\mathrm{cGy}^{-1}$と推定される．

実験的には，^{3}Hによる放射線障害も確認されている．マウスに^{3}H—水をのませ，優性致死突然変異の誘発率をみると，雄にのみ^{3}H—水を与え，雌には正常の水を投与した場合と，雄には正常の水を与え，雌にのみ^{3}H—水を投与したときとで，優性致死突然変異の誘発率は同じである．また雄と雌との両者に，^{3}H—水を投与したときの誘発率はその2倍である．^{3}Hによって点突然変異だけでなく，染色体異常が誘発されることも確認されている．

3．内部被曝と外部被曝とのちがい

放射性同位元素による内部被曝には，いくつかの点で外部からの放射線被曝とちがいがある．

a．線量分布

外部被曝での生体の線量分布は，放射線のエネルギー，線源からの距離，線束の方向によってきまる．ところが内部被曝の場合は，放射性同位元素の分布に主として影響される．体内に取り込まれた放射性同位元素は，不均一に分布するので，線量分布は不均一である．たとえばヨードは甲状腺に選択的に集まるので，放射性同位元素を体内に取り込んだときに被曝するのは，主として甲状腺であるといえる．ところで分布の不均一性というのは，たんに臓器によって放射性同位元素が集まったり集まらないというだけでなく，同一臓器内でも不均一に分布することがある．たとえばプルトニウム—239は精巣内に取り込まれると，90%は細精管間質とそれを囲む細精管表層組織に沈着する．このため精原幹細胞に対する線量率は，^{239}Puの沈着量から直接計算される全精巣内の平均値より2.5倍高い．

b．線量評価

　放射性同位元素は体内に取り込まれると，生理的に排泄されるか，崩壊して物理的に消滅することがない限り，沈着した部位に存在し続ける．そのため体内に取り込まれた放射性同位元素によって何らかの障害が生じた場合，放射性同位元素から出される放射線エネルギーのすべてによって障害が生じたのか，あるいは障害発生に関与した放射線量はごく一部であり，その後の被曝は障害発生に関してはまったく無関係であったのかどうかわからない．そのため，障害発生に寄与した線量を正しく求めることが困難である．ことに晩発性障害の誘発に寄与した線量を求めることが困難である．現在計算されている単位線量当たりの誘発率は，過少評価しているのかもしれない．

c．線量率

　外部被曝の場合は被曝している時間内での線量率は，同一であるといってよい．ところが体内に取り込まれた放射性同位元素は，沈着した部位から生物学的にあるいは物理的に消滅していくので，線量率は刻々と低下していく．その速度は，放射性同位元素の種類によって緩急のちがいがある．多くの場合，放射線に対する生物学的反応量は線量率にも依存するので，このように線量率が刻々と変化することは，放射性同位元素による線量効果関係を求めることを困難にしている理由の1つである．

d．障害誘発の原因は放射線のみか

　体内に取り込まれた放射性同位元素による障害の誘発に，放出される放射線が関与しているであろうことは否定できない．しかし放射性同位元素は，元素の種類によっては化学的にも毒作用を示す可能性がある．さらに沈着した放射性同位元素の量が多い場合には，機械的に細胞を刺激して障害を誘発させる可能性がある．

　放射性同位元素は物理的に崩壊する際に，放出する放射線とは逆の方向に動く．それで放射性同位元素が化学構造の中に組み込まれている場合，運動エネルギーが結合エネルギーよりも大きいと崩壊によって化学構造がこわれる．それが化学的に増幅され，生物学的損傷となってあらわれてくる可能性がある．

　あるいはまた放射性同位元素は，その崩壊によって原始番号が変わり，化学的性質も変化することがある．この場合，もし放射性同位元素が化学構造の中に組み込まれていると，化学構造をこわす原因にもなりうる．

放射線以外のこれらの因子が，障害の誘発にどの程度寄与しているのか，必ずしも明らかではない．しかし，放射性同位元素による障害誘発に関して計算される，単位線量当たりの誘発率は，これらの諸因子による寄与を無視しているので，過大評価しているのかもしれない．

4．人体への吸収と排泄

放射性同位元素の体内への取り込み，および排泄の経路は，基本的には放射性をもたない元素のそれと同じであり，核種および化合物の性質に依存する．

a．吸　収

消化管，呼吸器あるいは皮膚を経由して吸収される．経口的に体内に取り込まれた放射性同位元素のうち，水溶性あるいは脂溶性のものは非常によく消化管から吸収される．$^{24}NaCl$，^{42}KCl はそれぞれ1時間，3時間後には摂取量の95%が吸収される．誤って摂取した場合は，多量の担体を服用することにより，吸収率を低下させることができる．

呼吸器を経て取り込まれた核種のうち，ガス状態のもの，^{222}Rn，^{133}Xe や ^{41}A などは肺胞から吸収されるが，粉状のもの，^{14}C や，$^{239}PuO_2$ などは粘膜に付着する．

皮膚からも体内に浸透する．傷があると吸収されやすい．非密封放射性同位元素の取り扱いには，ことに手に傷がある場合は，手袋の着用が必要である．

b．沈　着

吸収された放射性同位元素は，血液にのって体内に分布する．分布状態は核種によって異なる．H^+，Na^+，Cl^- などは比較的均等に分布するが，I は甲状腺，Fe は赤血球，Sr は骨に選択的に沈着する．このように一定の臓器に選択的に集まる性質を臓器親和性とよぶ．

c．決定臓器と関連臓器

体内に取り込まれた放射性同位元素によって，もっとも重篤な障害が生じる臓器を決定臓器という．決定臓器は，①問題とする核種がよく集まり，②全身の健康状態にとって重要であり，③かつ放射線感受性が比較的に高い臓器である．

体内への放射性同位元素の摂取は，必ずしも単一核種とは限られていない．複数種の放射性同位元素を吸収した場合は，それらによる障害を総合的に評価

しなければならない．このときは，単一核種のときは決定臓器とならなかったものが，決定臓器となりうる．このような臓器を関連臓器という．

d．排　泄

吸収された放射性同位元素は物理的減衰と，排泄とによって体内から消失していく．排泄経路は腎臓を経て尿中に，肝臓を経て胆汁中にそして便の中に，汗腺を経て汗の中に，肺を経て呼気中に排泄される．排泄されるか蓄積されるかは，核種でなくして化合物の種類，投与方法などに依存する．たとえば，^{14}Cー糖は経口摂取すると腸管で吸収され肝に集まるが，分解されて$^{14}CO_2$になると肺から排泄されるが，グリコーゲンになると蓄積される．核種の排泄および蓄積の割合を表5-7に示す．

体内の放射性同位元素の減衰は，一般的に指数関数的で，その速度常数 λ_{eff} は λ_p（物理学的）と λ_b（生物学的）との和である．

つまり，

$$\lambda_{eff} = \lambda_p + \lambda_b$$

体内の放射性同位元素の量が半分になるのに必要な時間は，実効半減期（有効半減期）とよばれ，次式によって求められる．

$$\frac{1}{T_{eff}} = \frac{1}{T_p} + \frac{1}{T_b}$$

ただし T_{eff} は実効半減期，T_p，T_b はそれぞれ物理学的，生物学的半減期である．

表 5-7．放射性同位元素の24時間内の排泄と蓄積

核　種	排　泄		蓄　積
	尿	便	
^{24}Na	10%	1%	85%
^{32}P	8.5	0.2	90
^{42}K	14	1	85
^{45}Ca	70	20	10
^{59}Fe	0	50	50
^{60}Co	30	65	5
^{65}Zn	5	50	45
^{131}I	60	1	40

e．代表的放射性同位元素の代謝

^{32}P：無機燐酸塩として経口摂取すると約80%は吸収されて，肝，脾，腎，骨に集まる．決定臓器は骨で，生物学的半減期は3.2年，実効半減期は14.1日である．脂質燐となると全身の細胞内に沈着する．

^{131}I：経口的に摂取されると，その20〜30%は甲状腺に集まり，残りは腎から排泄される．甲状腺ホルモンは，分解すると胆汁中に排泄される．生物学的半減期は138日，実効半減期は7.6日である．

^{45}Ca：摂取された約10%が吸収され，骨，ことに骨端線に沈着する．生物学的半減期は47年である．

^{24}Na：吸収は良好で全身に分布する．生物学的半減期は11日である．

^{42}K：吸収は良好で全身に分布する．細胞液の中にとどまる．

^{38}Cl：吸収は良好で全身に分布する．循環する．

^{59}Fe：3価よりも2価鉄の方が吸収がよい．いずれもヘモグロビンやミオグロビンとして体内に沈着するが，これが分解されると鉄は再利用されるので長期にわたり体内にとどまる．

^{14}C：多くはCO_2として肺から排泄されるが，クエン酸などの型で取り込まれるとアミノ酸に合成されて体内に沈着する．

^{35}S：$Na_2{}^{35}SO_4$として経口摂取しても，2時間でその80%は大便中に排泄される．メチオニンなどに取り込まれても次第に排泄される．

^{90}Sr：体内分布はCaと同じである．

RaDEF：骨親和性で生物学的半減期はCaと同様に長いので，晩発性障害をもたらす危険性が大である．

5．危険度の評価

放射性同位元素は，人体内に取り込まれた場合の危険度によって4群に分けられている．

① 実効半減期があまり短くも，またあまり長くもない，数日から数年である，② α線，β線を出し，放射線のエネルギーが大きい，③ 吸収されやすく排泄されにくい，④ 特定臓器に集まる．これらの性質をもつ核種は危険性が大である．

非常に危険な核種　　：^{90}Sr, ^{236}Ra, ^{238,240}Pu
高度に危険な核種　　：^{45}Ca, ^{59}Fe, ^{131}I
中等度に危険な核種：^{24}Na, ^{32}P, ^{35}S
軽度に危険な核種　　：^{14}C, ^{3}H

G. 線量効果関係

　放射線障害防止の立場からすると，ヒトが被曝したときにみられる障害の程度をすべての条件下で正確に予測できなければならない．しかし現実には，あらゆる条件下での誘発される障害の程度，誘発率に関する資料が整っているわけではない．たとえばこれまでに明らかにされている資料は，比較的高線量率で，約 50 cGy 以上の比較的大線量被曝によってみられる障害に関するものである．ところが通常問題となる被曝は低線量率で，しかも 1 cGy 前後の低線量である．そこで明らかにされている条件下での障害誘発の危険性から，明らかにされていない任意の条件下での危険性を，外挿法あるいは内挿法を用いて推測しなければならない．このためには，おのおのの放射線障害に関して，線量効果関係の型，そしてそれを修飾する諸因子を明らかにする必要がある．

1. 閾値がない型

　放射線のエネルギー付与は，まったく at random になされる．そのため細胞，細胞器官，分子の不活性化は確率的に生じる．生体の放射線損傷のうち遺伝的損傷の発生は確率的である．この場合確率は，線量の大きさに依存し，線量が低下しても確率は低下するだけで 0 にはならないので，放射線障害の誘発に関して閾値はない．このような損傷を確率的損傷 stochastic effect という．このような損傷では，線量の大きさが変わっても損傷の種類，重篤度は変わらない．
　発癌に関しては，現在のところ臨床的発癌に必要な細胞の変異の数が，1 個なのか複数なのか明らかではない．しかし，わずか 1 個の細胞の変異でも発癌に結びつくならば，その可能性は否定できないことであり，発癌は遺伝的損傷と同様に確率的損傷といえる．また比較的低線量域での発癌に関する資料は不十分であるので，少線量域での放射線による悪性腫瘍誘発率は，比較的大線量での誘発率から推測するしかない．この際，不必要に低く見積りすぎるという危

険性をおかさないように，比較的低線量域でも線量と誘発率とは直線関係にあり，閾値がないと仮定する方が，障害防止の立場からは無難である．そのようなわけで，悪性腫瘍の誘発は確率的損傷の1つに数えられている．

2．閾値がある型

　放射線による，いくつかの身体的障害は，線量域がある一定値以下になるともはや観察されない．個体死，皮膚障害，白内障あるいは骨髄からの細胞の枯渇などがそれにあたる．これらを非確率的損傷 non-stochastic effect あるいは確定的損傷という．1個の細胞の損傷ではなく，複数の細胞が損傷を受けて初めて目に見える損傷へと発展すると推定される損傷がこれに入る．この場合，線量が増すにつれて障害の発生率というよりも重篤度が著しくなる．

H．放射線障害の特徴

　放射線は，病理学的には病因の1つであるが，放射線によって誘発される障害は他の病因による障害とはちがって，2〜3の特徴をもっている．

a．線量の大きさによって障害の種類が異なる

　比較的大線量被曝の場合は，被曝個体は死亡する．線量が少なくなるにつれて，被曝個体の死亡はみられなくなるが，被曝後比較的早く，あるいは時間を経過して被曝した組織に障害がみられる．あるいは比較的少線量の場合は，被曝した個体にみられる身体的障害はあまり問題にならなくても，遺伝的影響が重要となってくる．

b．障害の種類，発現様式に特異性がない

　放射線被曝者にあらわれる障害のどれをとってみても，他の原因によっても同様の障害があらわれ，あらわれた障害には他の要因によって誘発された障害と区別できる特有の様式がない．それで仮に，放射線被曝者に個体死から遺伝的障害にいたるすべての障害のいずれかがあらわれても，生じた個々の障害が放射線によって誘発されたものであると積極的に断定することはできない．

c．障害発現の危惧からはいつまでも逃れられない

　感染症の場合は，各疾患とも固有の潜伏期がある．それゆえに何らかの病原菌に感染した場合，潜伏期をすぎても発病しなければ，それ以後その病原菌に

よって発病することはない．ところが放射線障害の場合は，障害の種類は多数あり，それぞれの障害にそれぞれの潜伏期がある．ある障害の潜伏期を無事に経過しても，次の別の種類の障害の潜伏期がまっている．つまりすべての放射線障害を念頭におくと，ひとたび放射線に被曝すると障害の発現を危惧する必要がなくなる有限の日数というものはないといえよう．

d．放射線は身体的に残らない

病因のうち生物や化学的因子は，一般的には発病した時点では体内に残っているので，因果関係をつけやすい．ところが放射線はあびても体内に残留しないので，生じた障害が放射線によるものかどうかを同定することは困難である．

これらの点から，放射線は多くの病因の中でもとくに危険視されている．また放射線あるいは放射性同位元素は，注意して取り扱う必要がある．安全取り扱い方法については，この技術選書のなかの，放射性同位元素検査技術にゆずるので参照していただきたい．また放射線によってもたらされる障害に関してさらにくわしい資料を必要とするときは，国連科学委員会報告書(1958年，1962年，1964年，1977年，1990年発行)におもな論文が集録されているので参照されることをおすすめする．

参考文献

1) Berognie, J. and Tribondeau, L.：Compt. Rend. Acad. Sci., Paris, 143：983, 1906. English translation：Radiat. Res., 11：587, 1959.
2) Muller, H. J.：Science translation：Radiat. Res., 11：587, 1959.
3) Lea, D. E.：Actions of Radiations on Living Cells（Cambridge Univ. Press, Cambridge）, 1946.
4) Puck, T. T. and Marcus, P. I.：Expt. Med., 103：653, 1956.
5) 舘野之男：「放射線医学史」（岩波書店），1973.
6) Baranski, S. and Czerski, P：Biological Effects of Microwaves (Dowden, Hutchinson & Ross, Inc., Stroudsburg, Pennsylvania), 1976.
7) Tobias, C. A., Blakely, E. A., Ngo, F. Q. H. and Yang, T. C. H.：Radiation Biology in Cancer Research, edited by Meyn, R. E. & Withers, R. H. (Raven Press, New York), 1980.
8) Paretzke, H. G.：Kinetics of Nonhomogenous Processes, edited by Freeman, G. R. (Wiley, New York), 1987.
9) Blakely, C. A., Ngo, F. Q. H., Curtis, S. B. and Tobias, C. A.：Advances in Radiat. Biol., 11：295, 1984.
10) Bacq, A. M. and Alexander, P.：Fundamentals of Radiobiology (Pergamon Press, New York), 1961.
11) Hall, E. J.：Radiobiology for the Radiologist (Harper & Row, New York), 1978.
12) Baredsen, G. W., Koot, C. J., van Kersen, G. R., Bewley, D. K., Field, S. B. and Parnell, C. J.：Int. J. Radiat. Biol., 10, 317, 1966.
13) Watson, J. D. and Crick, F. H. C.：Nature, 171, 737, 1953.
14) Wilkins, M. H. F.：Cold Spring Harbor Symp. Quant. Biol., 21：75, 1956.
15) Wang, S. Y. and Varghese, A. J.：Biochem. Biophys. Res. Comm., 29：543, 1967.
16) Sancer, A. and Rupp, W. D.：Cell, 33：249, 1983.
17) von Sonntag, C., Hagen, U., Shon-Bopp, A. and Shulte Fronhinde, D., Advances in Radiat. Biol., 9：109, 1981.
18) Goodhead, D. T.：Advances in Radiat. Biol., 16：7, 1992.
19) Sakai, K. and Okada, S：Radiat. Res., 98：479, 1984.
20) Hewitt, H. B. and Wilson, C. W.：Nature, 183：1060, 1959.
21) Powers, W. E. and Tolmach, L. J.：Nature, 197：710, 1963.
22) McCulloch, E. A. and Till, J. E.：Radiat. Res., 16：822, 1962.
23) Withers, H. R. and Elkind, M. M.：Int. J. Radiat. Biol., 17：261, 1970.
24) Withers, H. R.：Brit. J. Radiol., 40：187, 1967.
25) Horward, A. and Pelc, S. R.：Heredity (Suppl.), 261, 1953.
26) Terashima, T. and Tolmach, L. J.：Nature, 190：1210, 1961.
27) Sinclair, W. K.：Current Topics in Radiat. Res., Quart., 7：264, 1972.
28) Sasaki, H. and Hayashi, H.：Radiat. Res., 77：577, 1979.

29) Elkind, M. M. and Sutton, H. : Radiat. Res., 13 : 556, 1960.
30) Phillips, R. A. and Tolmach, L. J. : Radiat. Res., 29 : 413, 1966.
31) Hahn, G. H. and Littele, J. B. : Current Topics in Radiat. Res., 8 : 39, 1972.
32) Conforth, M. N. and Bedford, J. S. : Science, 222 : 1141, 1983.
33) Prescott, D. M. : Cells ; Principles, Inc., Massachusetts), 1988.
34) Berezney, R. : Proceedings of 9 th ICRR, edited by Dewey, W. C. et al. (Academic Press, Inc.), 1991.
35) Curtis, S. B. : Radiat. Res., 106 : 252, 1986.
36) 関口睦夫：九州大学研究紹介，No. 9，1992.
37) Russell, W. L. and Kelly, E. M. : Proc. Natl. Acad. Sci., USA, 79 : 542, 1982.
38) Thacker, J. and Stretch, A. : Radiat. Res., 96 : 380, 1983.
39) Watanabe, M. Horikawa, M. and Nikaido, O. : Radiat. Res., 98 : 274, 1984.
40) Han, A. and Elkind, M. M. : Cancer Res., 39 : 123, 1979.
41) Rust, J. H. et al. : Amer. J. Roent., 72 : 135, 1955.
42) Rajewsky, B. : (In) Radiobiology Symposium (Bacq, Z. M. & Alexander, P. eds.) Butherworths Scientific Publication, London, 1955.
43) Langham, W. et al. : Rad. Res., 5 : 404, 1956.
44) Bond, V. & Robertson, J. S. : Annual Review of Nuclear Science, 7 : 135, 1957.
45) Logie, L. C. et al. : Rad. Res., 12 : 349, 1960.
46) Spalding, J. F. et al. : Nature, 208 : 905, 1965.
47) Moriyama, I. M. & Kato, H. : JNIH-ABCC Life Span Study Report 7, Technical Report 15-73.
48) Ishimaru, T. et al. : Rad. Res., 45 : 216, 1971.
49) Robinson, V. C. & A. C. Upton. : J. Natl. Cancer Inst., 60 : 995, 1978.
50) Shore, R. E., E. Woodard, N. Hildreth et al. : J. Natl. Concer Inst., 74 : 1177, 1985.
51) Boice, J. D., R. Mosenstein & E. D. Trout : Radiat. Res., 73 : 373, 1978.
52) Kunz, E., J. Sevc, V. Placek et al. : Health Phys., 36 : 699, 1979.
53) Spiess, H. & C. W. Mays : Health Phys., 19 : 713, 1970.
54) Report of the United Nations Scientific Committee on the Effects of Atomic Radiation, General Assembly, official record : 19 th session, supplement No. 14, 1964.
55) Rotblat, J. & Lindop, P. : Proc. Roy. Soc. (London) B, 154 : 332, 1961.
56) Report of the United Nations Scientific Committee on the Effects of Atomic Radiation, General Assembly, official record : 13 th session, supplement No. 17, 1958.
57) Upton, A. C. et al. : Radiol., 67 : 686, 1956.
58) Rugh, R. & Wohlfromm, M. : J. Exptl. Zool., 151 : 227, 1962.
59) Rugh, R. & Wohlfromm, M. : Rad. Res., 26 : 493, 1965.
60) Russell, L. B. & Russel, W. L. : J. Cell Comp. Physiol., 43, Supplement 1 : 103, 1954.
61) Report of the United Nations Scientific Committee on the Effects of Atomic Radiation, General Assembly, official record : 32 nd session, supplement No. 40, 1977.
62) Friedberg, W. et al. : Int. J. Rad. Biol., 24 : 549, 1973.
63) Report of the United Nations Scientific Committee on the Effects of Atomic Radiation, General Assembly, official record : 17 th session, supplement No. 16, 1962.

64) Ruch, R.：Radiol., 82：917, 1964.
65) Preston, R. J. & Grewen, J. G.：Mutat. Res. 19：215, 1973.
66) Kucerova, M. et al.：Acta Radiol., Ther. Physics Biol., 15：91, 1976.
67) Vogel, F. & Rathenberg, R.：(In) Advances in Human Genetics (Harris, H. & Hirschorn, K. eds.) Vol. 5, Plenum Press, New York, 1975.
68) Bond, V. P.：25-62 (In) Critical Issues in Setting Radiation Dose Limits, NCRP Proceedings, No. 3, 1982.
69) Borek, C & E. J. Hall：p. 291-302 (In) Radiation Carcinogenesis：Epidemiology and Biological Significance. (J. D. Boice and J. F. Franmeni eds.) Raven Press, New York, 1984.
70) Hill, C. K., A. Han & M. M. Elkind：Also, Int. J. Rad. Biol., 46：11, 1984.
71) 仲尾善雄：放射線医学　江藤秀雄他編，医学書院，東京，1959 に引用．
72) ICRP Publication 2, Pergamon Press, 1990.

日本語索引

あ
アポトーシス　33,65
亜致死損傷　53
悪性腫瘍致命的リスク　95
悪性腫瘍誘発率　88,95

い
遺伝子突然変異　104,108
　——線量効果関係修飾
　　因子　109
遺伝有意線量　112

お
温度効果　21

か
カーマ　81
化学的過程　7,8
外挿数　38
確定的損傷　121
確率的損傷　120
間期死　46
間接作用　15,17,20
関連臓器　118
環状染色体　59
癌遺伝子　64
癌抑制遺伝子　65
　——p53　50

き
希釈効果　17
希釈測定法　39
奇形　98,100
　——誘発率　102
逆位　60,105
吸収線量　80
急性放射線障害　71,82
　——胎児期　103

け
欠失　58,105
決定臓器　117

こ
コロニー形成能　36
個体死線量効果関係修飾
　因子　86
交換　58
高 LET 放射線
　　　　11,12,15,16
　——生残率曲線　38
国際放射線防護委員会　4

さ
酸素効果　18
酸素増感比　19

し
色素性乾皮症　27,64
実効半減期　118
寿命短縮効果　96
準閾値線量　38
小頭症　101,102
照射線量　80
新生児死亡　98

す
スカベンジャー　20
水和電子　15,17

せ
生化学的過程　7,8
生物学的過程　7,8
生物学的半減期　118
赤色骨髄　91
　——線量　91
染色体異常　58,104,107
　——線量効果関係　107
潜在致死損傷　53,55
潜伏期　71
線エネルギー付与　12
線量・線量率効果係数　90
線量単位　80

そ
相互転座　60
相対的生物学的効果比
　　　　　　　　13,81
造血臓器死　85
増殖死　46,47
臓器親和性　117

日本語索引

た
ダウン症　106
多標的多重ヒットモデル
　　　　　　　　　　9
多標的単一ヒットモデル
　　　　　　　　　　9
対称交換型染色体異常　60
胎児死　98

ち
知能低下　102
重複　105
腸管死　84
直接作用　14,15,18

て
低 LET 放射線
　　　　　11,12,15,16
　　──生残率曲線　38
低酸素細胞増感剤　19
転座　105
電離放射線　6

と
突然変異誘発率　62

に
二動原体染色体　59

の
脳死　84

は
パラメーターD_0　38

胚死　98
倍加線量　61
白血病　89
　　──有意因子　91
　　──有意線量　92
　　──誘発率　91
発癌潜伏期　88
半数致死線量　85
晩発性放射線障害
　　　　　　72,82,87

ひ
ヒット　9
　　──理論　8,10,11
非確率的損傷　121
非電離放射線　6
飛跡間事象　10,11
飛跡内事象　10,11
脾コロニー法　41
標的　8,9

ふ
フリーラジカル　17
物理学的半減期　118
物理的過程　7,8
分裂遅延　48,52
　　──細胞周期依存　49

へ
ベルゴニー・トリボン
　　デューの法則　70
平均骨髄線量　91

ほ
放射線-化学的過程　8
　　──-生化学的過程　8
　　──-生物学的過程　8
　　──-物理的過程　8

放射線感受性──細胞周期
　　依存　44
　　──修飾　17
　　──正常組織　70
　　──測定方法　36
放射線作用　78
放射線宿酔　87
放射線障害　78
　　──特徴　121
放射線生物作用　8
　　──特徴　6
放射線増感剤　15
放射線損傷回復　53
放射線発癌　63
放射線被曝機会　78
放射線防護剤　15,20
放射線利用分野　78

も
毛細血管拡張性運動失調症
　　　　　　　　　　50
毛細血管拡張性失調症（ア
　　タキシア・テランジェク
　　タシア）　33

ゆ
有害突然変異　61
遊離基（フリーラジカル）
　　　　　　　　　　15
遊離電子　15
優性突然変異　60

ら
ラジカル　18

れ
励起分子　15
劣性突然変異　60

外国語索引

A
ataxia telangiectasia 50

B
Becquerel 2
Bergonie & Tribondeau 3
Bragg peak 12

C
Cleaves 3
Curie 2

D
Daniel 2
DDREF 90
Dessaure 3
DNA 21
DNA 修復 25
DNA 損傷 23,51,58,67
　　──チェックポイント 50
D_q 38

F
Freud 3

G
G_2 ブロック 48
Gy（グレイ） 80

I
interphase death 46

L
$LD_{50/30}$ 6
Lea 3,8
LET 12
linear energy transfer 12
linear-quadratic model 10
LPL モデル 56
LQ モデル 10,54

M
Mendel 3
Muller 3

O
OER 19
oxygen enhancement ratio 19

P
p53 遺伝子 33
PLD 53,55
PLD 回復阻害因子 56
Puck & Marcus 3

Q
quasi-threshold dose 38

R
R（レントゲン） 80
rad（ラド） 80
RBE 13,81
relative biological effectiveness 13
rem（レム） 80
reproductive death 46

S
SLD 53
survival curve 38
Sv（シーベルト） 80

T
TD50 39
Thomson 2

V
Voigt 3

診療放射線技術選書
放射線生物学　　　　　　　　　　　　Ⓒ 2002
　　　　　　　　　定価（本体 2,200 円＋税）

1971 年 6 月 25 日　　1 版 1 刷
1994 年 1 月 20 日　　3 版 1 刷
2001 年 3 月 26 日　　　　4 刷
2002 年 9 月 6 日　　4 版 1 刷

　　　　　　編　集　増　田　康　治
　　　　　　発行者　株式会社　南　山　堂
　　　　　　　　　　代表者　鈴　木　肇

〒 113-0034　東京都文京区湯島 4 丁目 1－11
Tel 編集 (03) 5689-7850・営業 (03) 5689-7855
　　　　　　振替口座　00110-5-6338

ISBN　4-525-27814-5　　　　　　　　　Printed in Japan

本書の内容の一部，あるいは全部を無断で複写複製
することは（複写機などいかなる方法によっても），
法律で認められた場合を除き，著作者および出版社
の権利の侵害となりますので，ご注意ください．